你的飯店健康嗎：

飯店診斷

王偉◎著

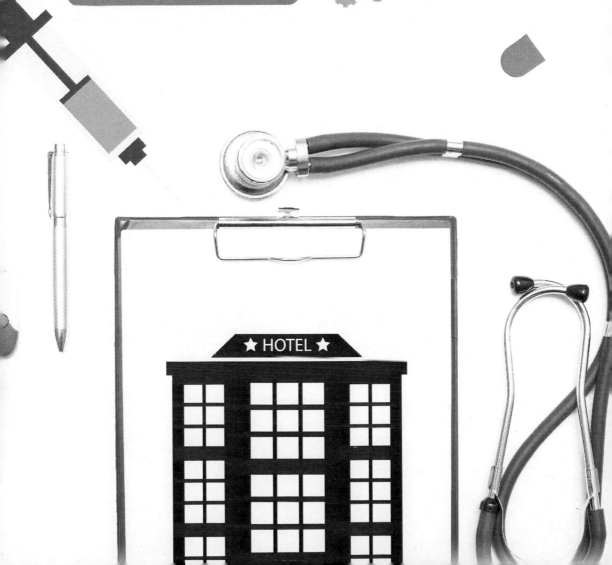

目　錄

第一章 飯店顧問

一、飯店管理諮詢業

謀士：為人謀劃

有這樣一個特別的專業階層——謀士。他們是某一方面的專家，有知識、見解、智慧和道德，享有一定社會威望。他們大都沒有行政職權，以幫助上級或所屬利益集團出謀劃策為己任。透過他們的努力，決策者可以少走彎路，降低失敗的風險，或取得超乎預期的成效。

商周朝代「直鉤釣魚」的姜太公，春秋戰國時期周遊列國的孔丘、孟軻、管仲、蘇秦、張儀，三國時期的「臥龍」諸葛亮、「鳳雛」龐統，唐朝的魏徵，現代的新加坡資政李光耀等人，從某種意義上講，或在他們的生命某一階段，都屬這類角色。因此，他們又被稱為「世外高人」或「高人」。有人說，近百歲高齡、仍活躍在內地與港澳臺的現代國學大師南懷瑾先生可能是中國的「最後一位高人」。

公司與政府制度出現之後，「高人」開始由服務於特定僱主的「個體」，轉化為一個為軍隊、政府、公司或特定人群服務的「職

能團隊」，如軍隊的參謀、政府的議會、法院的陪審團、政府決策「智囊團」、社會理財公司、律師等等。

專業諮詢公司與顧問的出現

諮詢作為一個獨立的行業，是在19世紀末的英國產生的。當時，在土木建築業中成立了許多電力、煤氣等公共服務機構。但是，專業技術人員很少，每家公司不可能聘請到足夠的專業技術人員，於是，有些專家向幾家公司提供技術支援。

後來，請他們幫助的公司日益增多，他們就組建了專門為各公司提供技術諮詢的專業公司。這是今日諮詢公司的鼻祖。

發展到今天，諮詢公司所涉業務範圍越來越廣，規模越來越大，分工越來越細，其服務對象已不限於工礦企業，而是擴展到政府機關、國際機構，像聯合國開發計劃署、世界銀行、旅遊飯店等都是諮詢公司的客戶。

美國諮詢業特別發達，猜想有8000餘家正式的諮詢公司，但更多的是個人諮詢者以及大學和研究單位所附設的機構。例如，美國密執安大學的社會研究所每年經費約1200萬美元，其中絕大部分是承擔政府各部門以及大公司委託的諮詢費，為他們做調查，提供政策諮詢、管理諮詢、人事諮詢等。美國有許多大學設立專門的學院，開設長期、短期的課程以培訓諮詢專業人員。美國的許多學會，也承擔諮詢業務。美國最早的諮詢團體是成立於1848年的「波士頓土木工程師聯誼會」。1910年「美國諮詢工程師協會」成立。

英國「諮詢工程師協會」成立於1913年，會員資格要求很嚴格。「英國諮詢局」設立於1967年，以振興英國諮詢業為目標並展開海外諮詢活動，會員為企業單位。

法國「諮詢工程師協會」設立於1912年。後設立法國諮詢協會。德國也有專業的諮詢組織。

日本的諮詢業發展較晚，在第二次世界大戰前沒有獨立的諮詢業，但日本後來居上，現在已在世界上享有盛名。日本的全國性諮詢機構──「生產總部」，從事諮詢診斷的專業人員多達3700餘人。日本政府還制定了培養諮詢業的政策，如設立振興諮詢事業的補助金；聘請諮詢業者參加政府機構派往國外的調查團；為諮詢業赴海外投資提供出口保險，規定優惠稅制等。

飯店管理諮詢、顧問與飯店諮詢公司

飯店管理諮詢，是由具有獨立資格的個人或多人，在分析診斷對象飯店政策、機構、程序和管理方法之後，提出採取適當行動的建議，並協助執行這些建議的過程。

這裡，「具有獨立資格的個人或多人」，稱為飯店顧問。

專門從事飯店管理諮詢的公司，稱為飯店諮詢公司或飯店管理公司，大部分飯店集團也有這樣的功能。

飯店管理人員遇到問題，需要幫助時，就可以向飯店諮詢公司求助，由他們派出飯店顧問前來解決問題。也有一些飯店顧問是個體的。所以，飯店管理諮詢是一項特殊的、具有個體性特徵的服務。

發生某種情況，飯店經營者或管理層斷定管理出現不良現象，需要改進，飯店顧問的工作就可以開始了。等到情況有了轉機，或有了明顯改善，飯店顧問的工作，也便結束了。

你有病，我知道

也有人把飯店管理諮詢稱為「飯店診斷」。

這種叫法，類似於求醫問病。一個企業好比一個人，如果覺得不舒服，就要去醫院請大夫診斷。如果病比較嚴重，一個大夫診斷不了，還要請各科專家會診，也許還要採用各種儀器進行檢查。最後，找出病因，對症下藥。

當然，也有時是屬於定期的體檢，不一定感覺到有什麼不舒服，每過半年、一年就到醫院去檢查。有些毛病自己感覺不到，一照X光，才發現有問題。越早發現越容易治好。

有時求醫者並沒有什麼病，但是健康狀況不佳，醫生也可以給予建議：如何鍛鍊身體，如何增加營養以增強體質，促進體活力。

這種情況皆可與「飯店診斷」相對應。有的飯店是發現了明顯的問題才去找諮詢專家診斷的，有的飯店是為了防患於未然找諮詢公司來例行檢查的，有的飯店是為了增加企業體的活力來找諮詢公司為它服務的：其目的都是為了提高飯店效益。

自己不能給自己看病的四個理由

也許有人會問，飯店管理人員最瞭解自身的情況，為什麼不自己檢查一下，對症下藥？

第一，飯店管理人員給自己診斷有困難。

一是涉及問題很多，如技術的、財務的、管理的、人事的等等，本飯店不可能有各方面的專家。二是本飯店的人對本單位情況雖瞭解，但站不高，看問題限於當前的條件，容易就事論事。

第二，外來的飯店顧問與本飯店沒有牽連，客觀公正。

例如，飯店顧問對對象飯店管理層評價不受現實的人事關係影響，他們做出的結論，容易被一般員工接受。

　　第三，飯店管理諮詢是一個專門的服務項目，有一套方法。而且，大部分飯店顧問在怎麼診斷、怎麼治療方面見多識廣，有豐富經驗。而本飯店的人做不到這一點，只能配合諮詢公司工作，為顧問提供素材。

　　第四，飯店諮詢公司是負責到底的。

　　這是每一個飯店顧問的基本職責和使命。在諮詢業成熟的國家，一些大牌諮詢公司收費非常高，但都能負責到底：客戶如果按照他們的建議去做而遭受損失，諮詢公司將給予賠償。

　　中國也有「參股管理」或顧問的例子。

飯店管理諮詢業方興未艾

　　飯店花費少量的諮詢費，在服務品質與經營效益上就有改觀，由此而能獲得更大的經濟效益。這已被中國飯店業近20多年來的實踐所證明。

　　萬豪國際集團中國地區飯店業務發展副總裁林聰先生曾這樣比喻：

　　「你把你的一家飯店委託給我們萬豪國際管理，你可以委派你的中方副總經理，只要他努力，一年就可以出徒。就是說，萬豪國際可以每年為你培養一個用於業務擴張的總經理，你可以藉此建立起你自己的管理公司，何樂而不為？」

　　此外，飯店透過引進顧問制，還可以收到技術轉移的成效，即諮詢公司透過診斷工作，把自己所具有的技術和經驗傳授給客戶。例如，在診斷中發現某部門對先進的設備不會維護，諮詢公司的專

家就介紹如何去維護。這種維護技術是難以向其他飯店管理公司購買的。有許多專利和竅門都可以透過諮詢而獲得，而這往往比向其他公司申請購買還要上算。

這也正是飯店管理諮詢業方興未艾的緣由。

二、飯店管理諮詢的形式、內容與推進

飯店綜合管理諮詢

飯店管理諮詢服務的形式很多，但大體可以三類涵蓋：綜合管理諮詢、部門業務諮詢、專項業務諮詢。諮詢的內容也很廣，涉及飯店管理狀況的分析、評價，人事、福利問題的研究，市場、財務分析，法律諮詢，策略諮詢，發展諮詢，等等。

飯店綜合管理諮詢，應首先引起高度重視。

飯店管理層感到管理中有問題，但又不確定是哪一方面的毛病，便可以選擇這種形式。相當於我們去醫院「全面體檢」，一般不限某一科。

參與諮詢診斷的，將包括各方面專家。他們到飯店之後，分頭進行工作，然後，再集中到一塊，共同分析，找出主要矛盾、次要矛盾，提出整改的建議。

在開始的時候，可能不設定十分明確的檢查事項，一切要在工

作過程中逐步明確。

這種綜合性的管理諮詢，至少應包含以下四方面內容：

1 · 決策過程

飯店重要的決策如何做出？決策的參加者與層次怎樣？決策的方式如何？員工參與決策的程度怎樣？決策的實施過程如何？有沒有監督責任？等等。

2 · 組織機構

飯店組織架構是否合理？如層級、權限、相互關係是否合適。是垂直組織，還是平行組織、矩陣組織？組織內訊息交流管道怎樣？組織與飯店目標的適應性如何？飯店內部會議成效如何？等等。

3 · 管理風格

各級管理人員的組成是怎樣的？成員的素質與作風如何？經理與員工的關係如何？管理層內部的團結合作狀態怎樣？民主還是專制？工作價值取向與人際關係取向是否合適？等等。

4 · 員工士氣

員工的激勵水平怎樣？對薪資待遇的滿意程度如何？飯店福利狀況怎樣？員工心理衛生是否正常？正式群體與非正式群體的關係如何？績效如何？規範執行怎樣？等等。

部門業務諮詢

這是針對某部門業務問題進行的諮詢，常見的有：

1 · 飯店財務管理的諮詢，如資金管理、成本管理、會計制度設計等。2 · 市場管理的諮詢，如市場細分、市場活動策略、顧客

消費分析、廣告與宣傳、分銷管道分析等。3．服務管理的諮詢，如服務產品分析、服務組織分析、操作與定額分析、計劃與庫存控制、服務過程中人的因素研究等。4．人力資源管理諮詢，如人事、福利、員工滿意度等。

專項業務諮詢

針對某一類具體專業問題進行諮詢，可能跨部門。

比如訊息系統諮詢。飯店的訊息系統管理，是一項專門的技術問題，它涉及一線服務、財會、人事等幾乎所有部門，內容可包括如何設計飯店訊息系統，如何建立數據庫，如何使用該系統，如何實現辦公自動化等。

再如飯店發展策略諮詢，其對象通常是大型飯店或飯店集團，目的是為發展某一類事業而請求專家出主意，或對某種計畫、方案的可行性研究提出諮詢建議。

推動飯店管理諮詢的四點共識

飯店管理諮詢是一個「生意」，或一種「產品」。但是，關於它的銷售或購買，將因其充滿「智慧」、「知識產權」等「高附加值」，而很難如在菜市場上那樣討價還價。就是說，購買者往往無法完全估計它「高附加值」的份量，也可以說，如果購買者能說清，則自己就能給自己診病、治病，而不必請「醫生」了。

當然，如果請人諮詢另有目的，如想透過「外來和尚唸經」達到內部機構人員「換血」目的等等，則另當別論。

為此，我們要先確立對飯店管理諮詢的正確認識，建立正向的

思維方式，才能保證這項工作使供需雙方受益。反過來，沒有共識，「公說公有理，婆說婆有理」，管理諮詢將成為一場鬧劇。

這個認識與思維方式，至少應包括四點：

1．正視飯店存在的問題，並在內部達成對管理諮詢迫切需求的共識。這是基礎。如果自己不願「就醫」，那麼，即使「醫生」來了也難以達成良好配合，最後可能浪費大家的時間或事倍功半。

2．認清飯店管理諮詢公司的資質。目前，很多「江湖醫生」的拿手好戲是「十二字訣」：「你有病，很嚴重；我能治，藥很貴。」要持懷疑一切的態度，審慎選擇。

3．策略上，完全相信，全面支持、放手委託管理諮詢公司去工作，而不是半信半疑。戰術上，定期或不定期地進行「對口交流」，廣泛、深入溝通細節，探討問題，不斷修正管理諮詢的方向、深度，關注諮詢進展。

4．利用諮詢診斷結果，進行「規範」與「細節」的「雙層面」推動，建立「PDCA」即「制訂計劃」（Plan）—「執行推動」（Do）—「過程檢查」（Check）—「評估處理」（Action）循環運作機制，爭取「標本兼治」，規避「頭痛醫頭，腳痛醫腳」的無效做法。

飯店管理諮詢是一個複雜的過程

飯店管理諮詢服務的形式看似不多，但很複雜，飯店市場、管理機制、人力架構等情況千變萬化，尤其針對人的因素，更難找出一套普遍適用的評價方法。所以，哪怕是一個很小的項目，都充滿困難，不能掉以輕心。此外，這項工作還深受社會、文化的影響，故也很難照搬國外的成套經驗。我們曾從日本聘請了一組飯店管理

專家到某五星級飯店進行工作，他們採用的大多是日本通用的一些方法，令我們耳目一新，效果也相當好，但最後卡在「人力資源狀況診斷」一項上，日本的一套方法幾乎不起作用。

因飯店管理諮詢工作的性質，除了要求飯店顧問精通飯店知識、經驗豐富之外，還必須要掌握管理心理學。管理心理學可以開闊企業診斷工作者的視野。同時，對飯店服務經營活動主體——飯店的管理者和員工的診斷，又需要飯店顧問瞭解行為科學方面的知識。

運用管理心理學手段，我們可以明辨飯店組織中的領導行為特點、士氣、人際關係等不可忽視的因素的「實相」。行為科學研究則因其能夠從組織結構的合理性入手，進而抓住主要問題——考察個體與群體的行為模式，故有助於對人員選拔、任用、培訓等方面問題的診治。

三、飯店顧問的角色定位

三類顧問

無論是別人認識飯店顧問還是飯店顧問認識自己，都要懂得這三類分法：

1．防患於未然的顧問。2．專注於細節的顧問。3．革新與革命的顧問。三類之中，沒有重要與不重要的分別，缺少任何一類都會有問題。有時候，甚至大家都以為不重要的那個反而很重要。

魏文侯問名醫扁鵲：你家兄弟三人都精於醫道，到底哪一個最強呢？扁鵲道：大哥第一，二哥第二，我最差。文王又問：不對

呀，你的名聲最響亮啊！

扁鵲說：大哥治病，治在病情尚未形成之前，病狀尚不明顯之際，一般人甚至不以為病，或認為他小題大做，所以，沒有什麼名望，只我們家人心知肚明：大哥的本領最強。二哥則善於治初起之病，大都在頭疼腦熱腰酸腿軟之間的細節上，很多人不以為意，覺得自己挺一挺就過去了，所以，沒人重視他，或覺得他不成氣候，頂多當個鄉野郎中。我治病跟他們的不同，在於我治後期，病症明顯，甚至病入膏肓，大家最重視，也最能看到我的手段，如膚外施藥，穿針放血，都是大張旗鼓的手術，以至於我能聲名中國國內外。

顧問的心態與眼界

顧問要有獨特的眼界，長遠的觀點，要修煉一種平和的心態。這是因為一些長遠的觀點，不是說一說就能被接受的，甚至遭遇反擊，往往要經歷事實的檢驗之後才能令人「如夢初醒」。這就需要顧問以一個平和的心態來對待他人的質疑、詰責。而往往服務對象經此一痛，他的一個項目的管理顧問，就可能轉變為終身顧問。

春秋時期，范蠡戮力輔佐越王勾踐復興越國，成功之後，被封為上將軍。然而，范蠡知道越王為人，只宜同患難，不宜共享受，於是他毅然放棄高官厚祿，泛舟齊國，隱姓埋名，躬耕海畔，成為百萬富翁，名聲大噪。

這是他的識人的遠見，又是他的本事所在。凡顧問，都應培養自己識人的眼光。

之後，齊國人聘請他做宰相，他預知在錯綜複雜的大國關係中，這樣做「不祥」，就散盡其財，一走了之。這回，他選擇了落腳在交通要塞陶地，很快又聚起了大量財富，號稱陶朱公。

這還是他的心態：適可而止。也是他的眼界：選擇適合發展的地點、環境，做適合於自己的事業。

這期間發生了一件事：他的二兒子因為殺人，被楚國囚禁。他決定救出兒子：殺人者死，我沒有異議，但他應體面地死。他決定派小兒子帶上一牛車的黃金去探視，並處理相關問題。但大兒子堅決要救弟弟，橫豎要去，甚至以死相逼，父親只好答應。

沒多久，大兒子就帶回了弟弟的死訊，大家都很悲傷。范蠡笑了笑，說：我知道會這樣。不是哥哥不愛弟弟，而是有所不忍。不忍什麼？不忍散財。大兒子跟我顛沛流離，知道謀生的艱難，所以，關鍵時候常常不忍。小兒子不同，他坐擁千金，不把錢當錢，因此，我才想派他去散財救人···范蠡的心態與眼界，是做顧問事業的心態與眼界。

顧問要有勇有謀

顧問，應該是一些有想法，更有辦法的人，就是要敢說敢做，並且有勇有謀──不簡單地為服務對象的要求所困擾，而堅持自己的服務目標，並能達成。

古時，有一位和尚，聽說山寺附近的一個村莊遭強盜的洗劫，就決定解救村民，以報答他們平日的照顧。結果，和尚被強盜抓起來。

強盜要砍他的頭。他說，別！你們殺我可以，但一定讓我吃飽啊！你們知道，和尚死後是沒人管的，我會變成孤魂野鬼啊。

強盜覺得，反正要殺，給他吃也無所謂。就拿來雞鴨魚肉讓他吃。和尚毫不在意，狼吞虎嚥，吃光了。強盜高興起來，說：我們是強盜，你和尚吃葷腥，也不是什麼好和尚。

和尚接下來又提出要求：現在我不會當餓死鬼了。但死後還是沒人拜祭啊。所以，拿紙筆墨來，我自己拜祭自己。強盜們覺得挺好玩，就如了他的願。

和尚自己寫祭文，自己讀給自己聽，然後跟強盜說：好了，現在你們可以殺我了。強盜說：不殺了。你挺好玩！和尚說：不行，除非你們再答應我一個條件。強盜說：沒問題，什麼條件？和尚說：你們都做我的徒弟。

結果，強盜們都拜他為師，一個村莊的災禍也由此得到平息。

飯店顧問與飯店業者互動的十點原則

1．飯店業主、管理層強烈地邀請專家去展開工作的願望與行動，是飯店管理顧問展開工作並取得成功的保障。要允許飯店顧問面對組織、服務經營、服務生產等諸方面的各種問題，包括「醜陋」與「渺小」的一面，不要藏醜，不要怕露拙，尤其是「渺小」的問題——看似不值一提，卻最容易成為「鞋子裡的一粒沙子」。

很多時候，擋住我們前進腳步的不是崇山峻嶺，而正是鞋子裡的那粒「沙子」。

2．幫助飯店顧問獲得完美諮詢效果的最佳途徑，是飯店內部力量承擔起堅強後盾的職責。在此過程中，飯店業主、管理層要讓業務部門、行政部門骨幹人員參與進來，要一一明確他們各自的合作任務，否則，飯店顧問的工作難以落實。

另外，建議總經理直接負責內部協調，如果不能，也至少應有一位副總經理擔當此責。

3．飯店顧問必須取得基層管理人員的支持，特別在時間分配

方面。當然，關鍵在上級安排，但飯店顧問也應該注意儘量不影響直接服務與經營，否則，將引發抱怨，難以展開工作。

4．飯店顧問與飯店管理層一道，透過培訓或動員會等形式，讓每一位員工都瞭解自己的工作以及諮詢的目的，從而理解我們在諮詢過程中發現問題，有益於大家的共同進步這一事實。這可以保證我們在把問題按部門分下去進行討論時更有針對性。

此外，員工參與評價，還會促發其工作、參與管理、支持改革的積極性。

5．飯店受外界條件（地理環境、地方經濟狀況、政府決策、業主或股東決策等）限制很多，飯店顧問不能過分寄託於外界條件的改變。因此，在設立諮詢目標時，雙方要充分認識到這些限制性條件，不要將目標冀望於外界條件的改變，這才能保證諮詢對象在可能的範圍內做出成績。

6．飯店顧問展開諮詢診斷必須有一套具體辦法、計劃，切忌做沒有「知識產權」含量的一般性調查，遲遲拿不出分析結果和診斷意見的「有破無立」的行為，那將令飯店業主失望，飯店顧問的工作也將毫無價值。

7．採用問卷方式時，最好將接受諮詢者集中於一處，當場逐題回答，不要放任自流。後者往往收不到調查的效果。

8．言談舉止既要有專業意識、專家態度，又要把握處事技巧，如涉及到管理者職位、職務等敏感問題，最好交由主管部門處理。再如，應把引導方向放在改進工作，幫助管理者瞭解自己，也瞭解別人對自己的看法等方面，目的在於「提高」而非「處理」。

9．開始時便要令雙方明確，要從長考慮，不能急於求成，因為欲速則不達。要立即看到服務經營指標的改善或市場營銷狀況的變化是不現實的。這一點要提前與諮詢服務對象溝通好。

10．在既定的結果目標之外，更關注透過諮詢過程本身，促成組織內部的人力資源發揮更大的效能、團隊氛圍更為融洽。同時，幫助飯店管理者與職能部門人員掌握一些行為科學知識與方法，在日常工作中有意識地加以應用，以此來改進管理績效。因為任何既定目標的推進，都需要這個「過程力量」的主導。

飯店顧問：我不是「闖入者」

對飯店管理者及他的團隊而言，「外來的」飯店顧問畢竟是一個現實的、完全陌生的「闖入者」。他會有哪些貢獻，大家並不瞭解，甚至對他的目的也可能持懷疑態度。因此，作為飯店顧問，必須先明確自己將要扮演的角色以及所持立場，以為整個諮詢工作奠定基礎。

此外，對整個諮詢工作展開所採取的方式與工作重點，顧問也應該深思熟慮。這裡最為關鍵的問題，是要徹底澄清我們雙方的立場

作為顧問，我們接受委託，是為了提高對方飯店全體成員的利益與經營績效，而非代表任何一方面來從事所謂的「整頓」工作。飯店顧問要把這一個立場清楚地表達給飯店方的有關人員，以求在立場和方式兩方面，得到飯店團隊，尤其是其最高階管理人員理部門的全力支持與認可。

這樣的互動，還能發揮「輿論監督」作用，保障飯店管理部門不會將診斷結果用在不合適的方面。所以，對大多數員工而言，也是一個保護。

或許是多餘的話，但卻是每一個飯店顧問的使命和職業道德所在。

飯店顧問應善於轉移風險

　　提供管理諮詢服務，難免會對飯店組織內部的人員產生一些影響，所以，顧問面臨人身攻擊或遭遇洶湧的暗流，都在所難免。不過，優秀的顧問應善於將這些風險轉移給飯店最高階管理人員理部門。

　　具體的辦法，就是要在施行諮詢計劃之前，向最高階管理人員理部門說明諮詢的操作方式、預期目的、過程中可能出現的問題、諮詢結果可能造成的影響等，經其認可後，方可組織實施診斷。

　　也有一些飯店的管理諮詢業務，是受其最高階管理人員理者以外的機構所委託，如飯店管理公司本部、飯店董事會等。在這種情況下，風險和挑戰將同時取決於我們能否獲得飯店最高階管理人員理部門的理解和支持。做不到這一點，飯店管理者很可能懷疑：

　　此次諮詢工作，究竟是為整個飯店著想的「提升」？還是立足於委託單位的立場來進行「另有目的」的「檢查」？

　　如果因諮詢工作的展開而造成飯店組織內部的誤解和隔閡，甚至被利用為內部權力鬥爭的工具，就嚴重違背了我們進行飯店管理諮詢的本意，為權力鬥爭服務也是我們的職業道德所摒棄的。

飯店顧問的個人態度

　　這個態度，應該是和藹可親的、自信的，既包括察言觀色，以捕捉多方訊息，也包括以身作則，以不埋沒金玉良言的價值；而絕不可以「公事公辦」與「完成任務」的面孔出現。

　　這是因為諮詢過程本身具有強烈的「個人引導性」，換言之，很多關鍵業務都是透過過程引導來實現的，而不一定是後續的推

動。而這裡，態度決定了大家能否接受你。如果大家不接受你是「自己人」，而只是「闖入者」，諮詢服務將舉步維艱。

尤其在諮詢服務開始之初，飯店顧問應機智而和顏悅色地向飯店各級有關人員說明此次諮詢的目的，且保證對各種意見與資料來源保密，以期獲得全體飯店員工的支持與合作。更為重要的，是要確保態度的明朗而非陰鬱，唯此，飯店人員提供資料、訊息時，才能夠暢所欲言，無所保留。

當然，飯店顧問在接受詢問的時候，也必須做到這點。

可能存在的四種誤解

儘管我們做了種種努力，完全消除飯店成員的誤解，比登天還難——幾乎不可能。我認為，這是我們過去許多飯店顧問的一些不合適的行為造成的「後遺症」。

這些誤解，大致可分四種：

1・顧問是來評估工作成績的

就是說，員工可能誤認為各種晤談、訪問、問卷等的目的僅在調查每個單位或個人的工作成績如何，以作為上級獎勵的參考。

2・顧問是來從事內部整頓的

認為飯店顧問是奉上級命令來進行嚴厲整頓的，目的是挑選出「冗員」。事實上，許多部門經理認為，為裁減「冗員」作鋪墊是飯店顧問的一項主要功能。

這種想法是錯誤的。

在詳細的諮詢診斷以後，一位有經驗的飯店顧問固然能很明確地看出各個員工能力與效率的高下，甚至可以指出哪些人是不必要

的。但是，為了長遠的考慮，顧問不可將這些發現視為主要成果，報告給他的服務對象。因為這樣一來，雖然在短期內可以提高飯店工作的效率，但在長期中，卻造成整個飯店對外來顧問的抗拒心理——大家為了確保職位，拒絕提供任何情報，甚至提供錯誤的情報將諮詢者導入歧途，因而，這家飯店可能從此之後永遠無法接受外來顧問的協助與指導。

這種做法在長期上來說，是得不償失的。

3．顧問就是「顧而不問」，只會干擾工作而沒有什麼作用

很多飯店經理認為，在以人為核心的飯店裡，一切都可能因人而異，沒有一個模板可套用的。因此，搞諮詢太複雜，結果將只是干擾工作，加上配合諮詢只是「臨時性工作」，於大事、長遠之事，無甚補益。

飯店顧問必須致力於消除這種誤解，除了邀請總經理公開表示對這一次諮詢工作的重視與支持外，尚須靠顧問本身的修養與技巧，來取得對方的信任與合作。

4．員工將飯店顧問視為「聯盟對象」

這是指被訪談的員工，可能會認為這位飯店顧問也許將來對公司的政策影響甚大，因此極力爭取其好感，並且在所提供的情報上，「略為調整」，促使顧問能根據這些資料和觀點，做出比較有利於此一員工或此一部門的結論和建議。

以上四種誤解，對正常的諮詢診斷服務會造成或大或小的干擾。所以，在諮詢工作展開之初，顧問就必須避免將會產生類似混淆的做法，同時也要借助明確的溝通手段，使組織中的各級部門有關人員，對飯店顧問這一角色與立場，有一個正確認識。

飯店顧問的「超然」

飯店顧問應該投入工作，但不可以將自己等同於「飯店人」，即要以一種超然的態度，去瞭解各部門人員的心態。

這是因為在飯店裡，每個部門因為所處的地位不同，或前臺或客房或銷售或後勤，對事物的看法均會有所區別，對問題的重點也會有不同認識。比如，財務部較重視控制與手續，公關營業部常將一切問題歸罪於「飯店的其他人缺乏推銷觀念」等等。我們不必加入討論或表示「認同」、「不認同」，要置身事外，才能深切地瞭解各部門情況，才能在最後整合各種意見時，發現種種「背後的力量」。飯店顧問要有洞察力，才不會為各種矛盾的言辭和資料所迷惑，進而找到可供遵循的規則。

有時候，各個部門的人，都企圖用自己的角度來說服、影響飯店顧問，想使之相信，問題的真相便是如他所說的一樣。此時，我們必須有能力從這些意見與資料中，篩選出有意義的訊息，並且冷靜地判斷每一件事的客觀性與真實性。

這才是正確的。

飯店顧問的「中庸之道」

中庸之道，也不失為飯店顧問的明智選擇，即既不失嚴峻，亦不會讓他人欺之以方。若過分嚴峻，會帶給員工一種壓迫感，甚至誤會他們是由上級派下來「壓迫」員工的，而不是為了提高員工工作效率。這會造成員工抗拒。

反過來說，太寬厚也有不利之處。因為在每個機構裡都會有些員工對訪談和提供資料抱敷衍應付的態度，如果不積極地向他們追問，訪談結果往往只是一些外交辭令，顧問將對問題所在不得要領。

更有一些人，由於誤認飯店顧問是來評估成績的，所以，在談到他本身的業務範圍或工作貢獻時，難免誇大其詞。如果不請他提出更具體的證明而一概聽信，則結論必然偏差很大。這就要求我們對訪談者的言辭有所保留的接收，同時更要追問或要求他提供進一步的資料。

PDCA循環模式的三個要點

PDCA循環模式是一切工作的基本循環模式，既有體系、有規範，又有細節。而這一切，又必須從制訂計劃開始，即在進行諮詢之前，必須先有一個全盤構想，以確保我們的努力方向能和諮詢目標相一致。這裡，至少應把握三個要點：

1 · 諮詢重點的選擇

對每一個飯店來說，它的經營方式都不一樣，有的問題偏重在銷售方面，有的問題集中於服務部門，有些企業雖然業績良好，但在內部組織與控制制度方面卻弊病叢生。因此，在進行診斷之前或診斷之初，要對診斷對象的全貌有一個初步的瞭解，以掌握問題重心。

歷史的經驗已經告訴我們，雖然各飯店問題千差萬別，但總有一些脈絡可循，如新開業或新合併的飯店（部門），最大的問題多在團隊建立及服務行為規範的確定上。在成長很快的飯店裡，最常見的現象是缺乏制度及控制，或以經營小飯店的手法來從事大飯店管理。對國有飯店或歷史悠久的飯店而言，最大的問題常在於工作效率低下以及缺乏應變的彈性。總之，對整個組織問題有大致的瞭解，是制訂諮詢計劃的一個極為必要的步驟。

2・諮詢層次的選擇

也就是說，諮詢的深度究竟只及於可量化的層面，抑或要觸及職業操守、態度等定性問題。

3・收集訊息方式的確定

一般情況下，除了對次級資料（現成的書面資料，二手資料）的收集分析外，還有三種收集訊息的主要途徑，即訪問、座談與問卷。三種方式各有利弊，有時候若能配合使用，則更能發揮綜合效用。

訪問或訪談

訪問或訪談是飯店管理諮詢最常使用的方式。

飯店顧問依次對每一位主管及若干員工進行深入的訪問。這種方式的優點是深入，在交談中，顧問憑藉其對組織問題的洞察力，可發現一些飯店內潛在的根本問題。訪問或訪談的缺點是耗時太多，而且，不是每一個人都有能力執行訪問或訪談任務。

為了彌補訪問方式之不足，一種變通的方式是召開座談會，每次參與人數為8～1人，針對一個特定主題進行討論。

一般而言，座談會的方式對基層員工，以人事制度及福利措施為主題，效果最佳。因為基層員工，如年輕的女服務員等，在一對一的訪問中，面對著飯店顧問，往往忸怩不安而無法暢所欲言。而在座談會裡，人多氣壯，意見與資料就能相當充分地提供出來。而且，對基層人員而言，他們平日未必關心飯店的種種管理方式，在群體互相激勵，互相引證補充的情況下，會提出比較具體的看法。而人事制度與福利措施，又是基層服務人員感受最深，也是最關心的，因此，由他們來談這些，最為合適。

層級越低者，越合適用座談會的方式，中級以上的主管，也許由於日常激勵的機會較多，在座談會中反而不易觸及深入的問題。

問卷

　　問卷的格式有許多種，有些已經是相當定型的。

　　問卷內容，多半是針對飯店內部的種種做法──如組織結構、授權、領導、薪酬等各方面，以一種結構化的問卷調查方式來探詢各級員工的意見。

　　問卷調查可以用普查的方式進行，也可以用各種抽樣的方法；可以用現成的問卷，也可以根據諮詢的目的與重點自行設計。

　　使用問卷調查的時機，通常在開始諮詢之初。它的最大作用是可以在極短的時間內，收集到客觀而全面的資料，並且，可以利用電腦分析，很快指出問題的重點。

　　有時，根據當期問卷調查的結果決定下一步諮詢重點與診斷方式，也是一種比較客觀而科學的辦法。

　　但是，問卷調查也有一些明顯的不足。首先，問卷的長度限制大大減低了它的細緻程度。飯店組織問題錯綜複雜，所包含的因素很多，而問卷的問題涉及難以做到點面兼顧。再加上一些有關管理制度的術語，不同的人未必有相同的理解，因此，會影響答卷效果。

　　同時，問卷內容很難深入，無法診斷出組織或制度中較複雜的問題。因此，問卷通常只能作為初期診斷之用，或視為進一步深入診斷的基礎，而無法獲取結論性結果。

顧問團隊自身的分工與合作

在諮詢計劃設計與後期執行過程中，還要注意飯店顧問團隊本身的分工和協調問題。

因為有時諮詢對象飯店規模大，部門多，或顧問團隊同時在服務管理、財務管理等方面進行諮詢，此時，諸位顧問就不得不加以合理分工。

分工的方式，可以依部門分———各個部門由不同的人分頭負責，也可以依問題的性質分。無論如何分工，各組之間的協調工作非常重要，必須定期（有時是一日一次，有時甚至一日數次）召集各小組成員交流所獲得的資料，彼此驗證，再綜合各方意見與發現後，決定下一步工作的重點。

確立我們自身的立場，並對整體計劃有了完整的構想以後，就可以進行更為具體的診斷工作了。

第二章 飯店管理諮詢流程

一、基礎資料的收集

飯店的事實資料將影響諮詢進程

飯店事實資料，是指有關飯店經營與管理的數據、記錄、說明等，它們與態度、價值觀等沒有關係，且本身具有可客觀觀察的特徵，並能衡量。這些事實資料可分成兩類：

1·純粹的書面報告或記錄。

2·透過書面或口頭說明獲得的事實。

在諮詢過程中，大部分分析與推斷，都須建立在這些事實資料基礎之上。

任何飯店都會保留一些記錄或報告，而且飯店規模愈大，這些書面的資料就愈多。通常，我們可以由書面資料的多少，來判定一家飯店在制度上規範化的程度。但也有些飯店，開房業務量雖然已經不小，但在書面資料上卻相當貧乏——沒有開會記錄，很少有

任何統計數字——這在管理上究竟是否算不健全固然可以爭鳴探討，但至少對諮詢工作會產生不利影響。

飯店年報

飯店一般都有內刊年報，有的還會針對其業務印發精美的報告或簡介，這些都可統稱為年報。

透過年報，我們可以瞭解飯店的歷史和演變、業務範圍、組織形態與規模、地理環境以及總經理的經營思想等。這些都可以幫助我們形成對飯店的整體印象。

財務報表

飯店財務報表是很有價值的情報來源。我們從財務報表中可以推算出飯店的獲利能力、負債情況、資金來源及去向、固定資產的比例和折舊的情形，包括這些事項在歷年中的變化趨勢。

財務報表除了能讓我們進一步瞭解飯店的經營潛力外，還能幫助我們掌握飯店組織問題的重點。賺錢的飯店與不賺錢的飯店相比，其員工在接受訪談時，心態就截然不同——後者表現出更高的防衛性，而且往往顧慮到他們職位的安全而不太願意坦誠地提供資料。反之，在一家成長得快，獲利又高的飯店，由於員工大都覺得自己在本飯店有發展前途，因此，向心力強，對內部的各種問題，也就比較願意提出來討論。

各類統計數據

飯店統計表也是一樣，在正式訪談之前，若能先將各種統計數

字、表單等拿來瀏覽一遍，可幫助我們對飯店的整體情況進行瞭解，並可由統計工作的重點，來推測飯店高級管理部門所最關心的是什麼，是人？是服務品質？還是成本？

有時候，我們也可以請教有關人員，這些統計數字的用途何在？它們幫助誰做出了哪些決策？透過這些問題的答案，我們可以推斷飯店運作決策的過程與決策的品質。

工作說明書

這是與飯店運行密切相關的書面資料，我們可以由工作說明書來瞭解每位成員的主要職責範圍，以及和其他人的相互關係。

除了可以由這裡來判斷分工與職責劃分的合理性之外，也可以根據工作說明書的資料，確定個別訪談的進度及重點。

有時候，飯店員工對本身工作的瞭解與工作說明書上的要求並不一致，也表示在這一方面存有潛在的問題。

飯店政策及程序手冊

政策及程序手冊，即指上級規定各級人員在提供各類服務或決策時，必須遵循的指導原則和操作細則等的書面文件。

我們可以透過這些手冊的有無，以及規定的詳細程度，來推斷飯店組織正式化的程度，以及各級員工在決策上的彈性和自主程度。

如果一家飯店的政策及程序手冊規定得非常細緻，而且條文繁多，就可以想見，這家飯店作為一個組織，其「制度化」的水準必然相對較高，一切行事有規可循，員工不必也不能作太多的自主判

斷。反之，制度化程度低的飯店，政策及程序手冊可能根本沒有，決策的原則與服務的程序，大約都存在員工的腦海裡，此時，固然可以保有相當程度的彈性，但也容易產生混淆與爭執。

在政策及程序手冊以及類似的飯店文件中，我們還可以窺見上層管理部門的若干想法，以及對人性的一些假設。

例如，某飯店的政策手冊中有一條：「對於客人的私人贈品，其價值在X元以上者，不可收取；在Y元至X元之間者，可以收取，但需向部門主管報告；在Y元以下者，可以收取，不必報告。」

這可謂是一則相當詳細、具體，而且「制度化」的條文。我們可以由這條規定，推測到它背後的假設：「客人與服務人員存有私人情誼是正常的，但此一情誼若以X元以上之贈品表達，則可能有非分之圖了。」並進而瞭解飯店管理當局的管理哲學，以及他們對員工人性及心態的認識。

歷年檔案

飯店歷年所存的檔案資料，是飯店顧問瞭解飯店情況時極有價值的資料來源。這些檔案除了往來公事記錄之外，還包括各種會議記錄、每日通報等書面資料。

在進行訪談之前，如果能系統地將飯店歷年檔案全部翻閱一遍，可以瞭解到許多由訪談、座談或問卷調查所不能獲得的訊息，因而檔案資料可以作為其他診斷方式的訊息基礎。

我們可以由檔案中瞭解飯店組織的正式化程度。

有些飯店，檔案堆積如山，而其中大部分都是非常例行性的業務，且對一些微不足道的問題也大做文章，這便是飯店運行中「形重於質」的表徵。

其次，由檔案中可以發現飯店日常的業務內容是哪些，每一項業務占用大家時間的百分比大致是多少，以及各級主管最關心和最感興趣的事情是哪些。

我們有了這一層瞭解後，在擬訂及修正諮詢計劃時，對重點的掌握就能更切合實際了。

在檔案中，也能判斷出一個飯店組織的真正授權程度。雖然在許多飯店，有分層負責明細表一類的文件，說明了哪些事項應由哪些層級負責決定。但研究這一規定，遠不如翻閱檔案來得有效。在許多檔案資料上可以明白地看出決策權力的歸屬。這些觀察，能幫助我們獲得有關組織授權程度的整體印象。

飯店權力關係，是一般局外人不易瞭解的。這也可以由歷年檔案中略窺一二。哪些人意見特別多，哪些人意見最受上級重視與支持，哪些人意見經常彼此相左，誰和誰總是立場一致···

如果檔案比較全面，飯店顧問可以由此瞭解目前各個主管經理的升遷路線、專長背景、人事關係等。

瞭解這些資料，雖然對諮詢診斷的成果沒有直接影響，但是對診斷過程推進，卻有極大的幫助。

會議記錄

由各種會議記錄中，我們可以發現飯店裡的不同人對各種決策參與的程度，以及大家對問題解決究竟是虛應故事，互相推諉，還是認真坦誠地面對問題，群策群力地解決問題。

在會議中是不是只有少數人發言？對大部分的問題是如何解決的？是否常有議而不決或「研究辦理」的情形？諸如此類的問題，都可以由會議記錄中推導出結論。

飯店的社會關係資料

● 飯店同行之間發生了怎樣的關聯？

● 是否有一些固定的服務用品供應商？

● 是否有一些固定的銷售商？

● 是否有一些固定的直接客戶？

如果一家飯店的供應商或客戶相當集中，表示其對外依賴程度高，內部問題也必然有「特色」。

同時，也有必要知道：

● 此飯店共有哪些關係飯店？

● 是否投資了哪些子飯店？或者本身就是另外一家飯店的子公司？

在關係飯店之間，飯店組織問題往往有其關聯性，而且彼此之間的經營，也將有某種方式的合作關係，並進而形成一些特殊的競爭利益與限制，因此，在諮詢時，不可不對此加以注意。

對國有飯店而言，與此類似的是上級主管機關，以及各主管單位的主管。由於主管單位不只一處，因此，顧問要先瞭解這些有關單位目前最關心的事是什麼，對本飯店所賦予的任務與期望又是哪些。

通常，民營或外資飯店的目標比較單純，易於掌握，而國有飯店則往往除了利潤目標之外，還存在著其他目標。想要進一步確定這些目標，就必須從有關的主管機關著手。

所謂「問題」，其實就是未能達到某些飯店目標的「原因」。所以，飯店顧問若能掌握這些目標以及制定這些目標的源頭，在發

掘問題時，會順利得多。

飯店發展的歷史與現狀

每一家現存的飯店都有一段過去，它的種種特質，也都是從過去的歲月中慢慢累積沉澱下來的。因此，在諮詢過程中，有必要去瞭解它過去發展的歷史，並且，我們總會在歷史溯源中尋找到目前種種問題的「蛛絲馬跡」。

有些飯店是若干年前幾家飯店合併而形成的，這可能解釋了為什麼公司內部有一些心態分歧現象。

同樣，有些飯店最近剛剛經歷過所有權轉移，或者過去是國有，現在轉為民營或合資等。這些歷史事件，都可能解釋了一些飯店現有的特色或問題。

總之，如果我們不瞭解飯店的歷史，或許永遠也無法知道某些問題的成因。

在過去的歷史中，有一項是值得我們特別注意的，那就是在經營歷程上，飯店是否發生過某些特別嚴重的問題。比如，是否在公關銷售、技術、員工、組織、財務等方面遭遇過一些危機，這些危機後來是怎麼解決的，等等。

如果能夠知道這些危機的性質、時間以及解決的方法，也許會對飯店當前的種種措施和管理方式，有更深入的瞭解。如果知道當年危機發生時，飯店如何應變與處理，也可以間接地推測到飯店的應變能力以及它的決策程序。

飯店的經營優勢

每家能長期存續與成長的飯店，在經營上必然具備某些特殊的競爭「武器」或競爭「特色」。這些競爭「武器」，可能是服務品質高，可能是服務種類，也可能是售價、推銷、廣告等等。

在進行諮詢時，我們先要瞭解：

● 究竟這家飯店目前是否有足夠的競爭「特色」？

● 這些競爭「特色」是否因競爭者的進步而不再顯得特殊？

● 飯店內的所有成員是否都瞭解這些競爭「特色」的存在？

● 飯店的組織架構是否有助於這些競爭「武器」作用的發揮？

注意：與競爭「特色」和競爭「武器」有關的一切活動，都是飯店的「核心業務」。因此，我們在諮詢時間分配上，應特別加強對這方面的探討。其實，很多潛在的問題，都可能關乎大家對競爭「特色」的認識、內部溝通以及組織架構能否有效配合等事項。

飯店相對規模

飯店規模，是關乎飯店組織架構設計的極重要的參數。大型飯店與小型飯店相比，無論在分工、授權、控制等各方面的表現，都應該有顯著的不同。

當然，我們在此處所強調的是相對規模，也就是它與同行業中其他飯店相比，是比較大或比較小，排名是多少等。

因為一個飯店內成員的心態及種種政策與做法，都與相對規模有關，而與資產或營業額的絕對數字關係較少。

若同行業中其他競爭者規模都很大，則本飯店雖然在規模上也不小，但在心理感覺上，則仍然是邊緣飯店。反之，無論實際規模

怎樣，只要在行業中市場占有率第一，則在各方面都會產生「保持第一」的想法。因此，對相對規模的瞭解，可以幫助我們認識飯店現象的一些背景因素。

相對規模的觀念，除了要和同行業中的競爭者相比之外，也應該與飯店所在地的其他飯店相比。換句話說，就是要決定本飯店在地方上究竟是相對的「大」，還是相對的「小」。

在觀光業不發達的鄉鎮，可能一家普通規模的飯店也能成為首屈一指的大飯店，此時，地方人士對它的期望，以及飯店各級員工心理上的自我認知都會不同。在人事措施上面，也難免會有追求示範作用的壓力。

反之，在大飯店林立的北京、上海地區，情況就正好相反，員工必然會把自己飯店的條件和更大、更強的飯店相比較，並為管理者帶來一些特殊的困擾，包括市場問題，尤其是人力資源方面問題都將由此發生，造成諸如跳槽率的增加等困惑。

二、確定諮詢範圍、深度及參與程度

面對多種選擇

在諮詢活動中，我們將時時面臨多種選擇。其中，最重要的選擇有三：

1. 諮詢範圍，如涵蓋哪些業務。

2. 諮詢深度，指的是侷限於「做事」、「硬體」層面，還是關聯到「做人」、「用心」的層面。

3. 參與程度，即邀請什麼人一道合作，發放到哪個層級等

等。

　　同時，要做好面對各種阻力的心理準備。

　　任何一家飯店的運作發生問題，其成因都是多方面的，這就要求我們在研究這些問題時，必須從不同問題層面著手。

　　這些層面，包括經營運作、組織架構、規範流程、群體行動、人際關係、個人行為、心理狀態等等。

　　不過，這裡所選擇的層面之「分」，為的是最終的「合」，因為沒有任何業績能靠單一因素完成；同樣，也沒有任何問題是不可分解的，所以，在「分」上的著眼點，要落在一個個細節上，在「合」上的著眼點，要落在整個體繫上，最後得出「合二為一」的諮詢結論。體系是策略，細節是戰術，要在策略上藐視問題，在戰術上重視問題。

經營運作

　　經營運作層面的諮詢重點，應放在飯店經營模式上，如：

● 營銷體系健全否？

● 內外公共關係體系恰當否？

● 廣告宣傳到位否？

● 在塑造形象上的投入充分否？

● 現場的服務安排合理否？

　　對飯店經營運作層面的診斷，顧問一般不刻意或深入探討「人」或「組織」等軟環節問題。不過，任何層面的諮詢與後續改善，都不可能規避「人」和「組織」的問題，因為飯店本身就是關於人的經營。

飯店顧問要儘量將軟環節方面的具體問題的處理、調整空間，留給飯店自己。

組織架構

組織架構層面的諮詢重點，應放在分工方式、部門劃分及其相互關係等上面。假設當前飯店中的問題，主要是由於組織架構安排不當所致，那麼，諮詢的重心就要放在收集與組織架構有關的資料上。

這個層面的諮詢診斷，也要注意不直接觸及、辨別人的行為與心態問題，而是相信人的行為主要是受組織架構影響使然的，即堅信，只要能找出組織架構上的問題並加以改善，就可以解決飯店運作中的大部分問題。

顧問對組織架構的重要性要有充分認識，否則將導致諮詢服務的目標偏移，影響最佳諮詢效果的實現。

規範流程

規範流程層面的諮詢重點，應放在各部門訊息交流、業務與行政管理、服務操作的規範流程，以及內部、內外部之間訊息溝通的方式等方面。

這一層面牽涉到人的個性、行為方式等，所以，較以上兩個層面的諮詢，更深了一層。

群體行動、人際關係、個人行為與心理等

隨著諮詢工作的逐級深入，關於群體行動、人際關係、個人行為與心理等層面問題的諮詢診斷，就成為必要。不過，這裡有一個很重要的前提：

作為飯店顧問，我們必須堅信，飯店的各種問題，只有透過飯店內的人才能解決，外人無法替他們決定經營的方式，或組織架構，包括對它們進行調整。也就是說，外人所能做的，只是協助飯店把握每一位成員的發展方向，提升團隊合作能力以及解決問題的能力。

把握了這一點，也就把握了我們深入診斷時，應掌握的基本行為與態度尺度。

現實中，飯店所遭遇的所有問題，大都集中在「經營運作」的方式與「組織架構」的合理性上。而成因，大多為目前管理團隊有些病症。

症狀如何呢？

不外乎群體行為失調。人際關係不良以及個人行為或個人心理上出了毛病。在某飯店，我們可能第一眼看到的，是管理層的溝通能力存在問題——經理們的言行態度明顯地引起了員工的反感，而他們毫不自知。他們在開會溝通時詞不達意，又不願意傾聽別人的意見。

至於我們要如何客觀地將這些問題和現象更具體地「診斷」出來，在諮詢診斷報告裡是不是要指出這些事實，或如果提出，將如何去進行改善等問題，則正是關於諮詢深度抉擇的問題，將因人、因事而異。一些飯店顧問可能認為這些全是重點，另一些顧問則可能將它們完全排除在考慮範圍之外，都不足為怪。

最極端的例子是關於個人心理上的診斷。有人認為，人在飯店中的行為，如工作意願、與人合作能力、領導風格等，全都是由他的心理特質所造成，這些心理特質包括他的人格、情結、潛意識，甚至於追溯到他的童年生活經驗等等。而如果想解決飯店問題，就必須要由「根」著手。因此，在這種想法下，就需要進行一些類似心理治療的諮詢診斷工作，並希望藉此改變人的行為，並從而改善整個飯店的運作。

當然，這種做法比較少見，也常常是飯店無暇實施的，因為耗時太久。

飯店顧問應避免被個人知識結構與專長所左右

對諮詢範圍、深度等的選擇，決定因素不僅來自任務書（外部），還受飯店顧問們自身的知識背景與專長（內部）的左右。

比如，飯店管理出身的顧問，可能重於經營運作、組織架構、管理和服務流程等層面，而讓心理學家來從事諮詢工作，則必然強調群體行動與個人行為模式了。

不過，飯店畢竟是一個動態的體系，各層面之間都息息相關，互相影響。因此，一次成功的諮詢，實際上就是在各個層面之間尋求並保持平衡，不可發生偏頗。至少，飯店顧問要意識到彼此之間的關係以及可能產生的影響，主動避免被個人的知識結構與專長所左右。

如果飯店顧問小組中擁有各種專長的人才，那麼可以互相搭配，發揮專長互補的綜合效益，諮詢層面也就廣泛得多了。

充分考慮飯店員工的承受力與諮詢經費、時間的限制

在選擇諮詢層面與深度時，還要高度關注另外兩個因素。

一個是飯店本身及其成員的承受力。諮詢的深度愈強，各級員工所感受到的壓力也愈大，如果大部分飯店成員在心理上並無承受這些壓力的準備，我們就貿然進行較深層次的諮詢，則可能招致一些出乎預料的抗拒，甚至可能使飯店原有的問題更加惡化。這是我們必須謹慎對待的地方。

另一個因素，是諮詢經費與時間。在預算有限而時間又很短的情況下，深入的諮詢工作是不可能展開的，甚至於觸及的問題，也都是表面的，飯店顧問要懂得妥善計劃。

參與程度的兩個極端選擇

顧問作諮詢服務時面對的另一個重要抉擇，是參與程度。

參與程度，指在諮詢過程中，飯店顧問是全憑自己客觀的觀察與分析來發掘問題（獨立執行），還是同對方飯店成員共同發掘問題（聯合執行），包括多少人參與、什麼級別的人員參與等等。

在前一種情況下，飯店只是在一種被動而靜態的狀態中，接受診斷；在後一種情形中，飯店成員是在顧問的輔導之下，共同貢獻心智，來探討本身的問題。

當然，在這兩種極端之間，還有許多參與程度上的變化，可以供我們選擇運用。

參與程度的一般表現

參與程度的高低，可以在許多方面表現出來。

比如，在瞭解服務操作或其他工作流程時，我們是請員工主動來談他的感受和問題，還是只請他客觀地描述流程與操作狀況，然後，由飯店顧問分析並找出問題呢？

又如，座談會次數的多少、與基層人員會談的時間長短等等，都能表現出諮詢服務參與程度的高低。

由於飯店中每一個人所感受的問題都可能不同，而且，每個人的利益觀以及對整個諮詢結果的期望都大不相同，因此，難免會眾說紛紜，莫衷一是。這就要求我們在博采眾議之餘，必須理性判斷各種觀點的客觀性，有選擇地吸收。

此外，在座談會等場合，能否從不同意見的爭執中，探查出更深一層的問題，也是對顧問推理和綜合能力的一大考驗。

三、飯店員工的抗拒與合作

抗拒無所不在

在我們收集資料時，並非所有的飯店成員都能真誠合作，毫無保留地來協助諮詢活動的推進，有時還會發生暗中抗拒的現象。例如，在訪談中閃爍其詞，或遲遲不肯提供自己工作上的書面資料等。

此外，我們還將面臨問卷填寫上的拒答和空題，幾乎每一次諮詢活動都能遇到。

甚至還有飯店的一些部門搞統一答案，讓人啼笑皆非。

這些，都是需要我們特別注意和克服的，因為「抗拒」本身就是我們要解決的問題。換言之，如果能變抗拒為合作，則諮詢工作便已經達到了預期效果。

因不瞭解而抗拒

造成飯店部分員工不合作行為的原因很多，除了前邊講到的四種「誤解」外，還有不明了諮詢意義、顧慮職位安全以及權力與既得利益等因素。

如果員工不瞭解諮詢的意義，更不知道諮詢對他本人的益處，則他在合作意願上，自然不會主動，即使他不認為顧問是來評估他的績效的，也會認為配合諮詢是一種額外的負擔。因此，在各方面將「儘量敷衍了事」，即使對於一對一的訪談，也可能顯出一副「幫忙」的神態。

有些飯店，雖然由高層管理部門委託顧問進行諮詢，但並未與內部員工作適當的溝通、動員，以致許多受訪者對飯店顧問心存戒備。

凡此種種情況，使得顧問希望飯店成員高度合作的期待化為泡影。

為求自身安全而抗拒

另一種抗拒的原因，是員工對其職位安全的顧慮。有些基層主管，在工作職位上工作了許多年，並由這許多年的經驗裡，提煉出一套展開工作的方法，累積了大量與工作有關的資料。這些方法和資料，都沒有留存書面的記錄，而完全存在於當事人的腦海中，而當事人也憑藉著他經驗中的這些「秘訣」，來獲得他職位安全的保證。

這些秘訣，他平時對部屬也不輕易透露，唯恐對方一旦學會，便可取而代之；對上級亦有相當保留，以防上級過河拆橋。

此時，他怎會對一個毫無關係的外來者，詳細說明他的工作程序、決策方法或提供各種資料來源呢？

來自權力與利益的抗拒

至於權力和既得利益所造成的抗拒，在處理上更是困難。

這些人多半職位在中上層以上，頭腦非常清楚，對諮詢的作用與限制也瞭如指掌，但他就是不合作，或者一味虛應，使諮詢工作無從下手。

造成這個現象的原因很簡單，因為他深切瞭解，他自己的利益和飯店的利益是相矛盾的。飯店的營運如果合理化了，他的既得利益就會喪失了。甚至說，他本人以及他對權力的爭取與行使，就是整個飯店運作的核心問題之一。

這種人對諮詢的抗拒，是極其自然的。

化解抗拒

化解這些抗拒與不合作的現象，並不是一件容易的工作，尤其是出於職位安全與既得利益的抗拒，是飯店裡根深蒂固的問題。

作為飯店顧問，我們雖然無法輕而易舉地解決這些問題，但至少可以從各種抗拒現象的形態中，推斷出飯店內部深處還潛藏著什麼病根。

在我們已經把握好自身言行尺度的前提下，一般來說，抗拒愈大，表示飯店內隱藏的問題愈多，那麼，不只在診斷上，在將來的飯店發展和制度完善上，也必然更加棘手。

抗拒與化解抗拒為合作，是貫穿諮詢過程始終的。顧問要以平

和的心態來對待。

四、飯店諮詢診斷工作的完成

「未濟」之道

《易經》的最後一卦（六十四卦）是「未濟」，曰：

「物不可窮也，故受之以未濟終焉。」

意思是說，一切危機遠沒有結束，而且永遠沒有結束。

從嚴格意義上講，飯店諮詢工作，永遠沒有真正完成和結束的一天。因為飯店裡的問題是永遠發掘不完的。

所以，對一個經理人來說，應該把諮詢工作視為他正常管理工作的一部分：有時要請教飯店顧問，有時則應親自承擔起飯店顧問的職責。

「既濟」之道

《易經》倒數第二卦（六十三卦）是「既濟」，曰：

「有過物者，必濟，故受之既濟。」

是說就一具體事情而言，當然應有始有終。無論自己做顧問還是請人做顧問，都要有一個「收場」，相當於「PDCA」流程的「A」即「評估處理」階段。換言之，諮詢工作在進行了一段時間以後，必須有所交代，顧問需向委託者提出報告。

「諮詢報告」，或稱「診斷報告」，要以書面形式或口頭形式提出來。此兩種形式各有利弊，以何種形式提出，顧問需視整體問

題的狀況以及飯店中各級人員接受程度來定。

書面諮詢（診斷）報告

書面報告不必引用太多的理論或概念術語，只需要將所發掘的問題簡單扼要提出即可。所提出的問題，最好輔之以事實描述，而不僅是陳述抽象化的一般印象，這一方面可以得到服務對象飯店更多的信任，另一方面，飯店將來在根據這個諮詢報告採取改正行動時，也比較容易落實。

諮詢報告的章節劃分，可以依據飯店部門分，亦可以依問題的性質分。

所謂依部門分，就是依次列舉存在於各部門的問題。而依問題性質分，則大多是依「權責劃分」、「工作流程」、「分權程度」等主題來區分。

口頭諮詢（診斷）報告

傳統上，口頭報告的對象僅限於飯店總經理等高層級權力核心人物。不過，近來，這種情況有所改變，口頭報告的對象逐漸擴大到大部分經理、主管。針對某一部門的診斷，口頭報告的對象還會包括該部門的所有人員，即召開部門會議，聽取顧問報告。這種情形下，會議的方式已不限於顧問—與會者的單向溝通，而成為一種討論會式的雙向溝通。透過員工的普遍參與，顧問發掘問題或構想解決方案會更有成效。

作為飯店方，甚至可以將這部分內容，設計為培訓課程。

任何飯店顧問做口頭報告時，都不要忘了一點：向曾經提供資

料與協助的各級人員表示謝意。因為諮詢工作的品質和成效，的確是建立在大家的合作與支持基礎之上的。

書面報告與口頭報告要達成的「效果」

書面報告比較正式，口頭報告視為書面報告的有益補充，二者結合起來使用，方能收到較佳的溝通效果。

顧問在闡述其所發現的問題時，也可以加入一些初步的建議方案，以供管理部門參考。

事實上，在諮詢過程中，常有飯店成員由於被問到許多問題或被要求提供許多資料，而激起了他們改進的意願和創意，並自動自發地摸索改進之法。所以，從廣義的角度來看，諮詢是飯店獲得發展的推動力，其本身甚至就是一種促成飯店發展的手段。

無論範圍、深度、參與程度怎樣，透過諮詢，大家都將在想法上受到不同程度的刺激，並將自覺地揚棄過去的一些一成不變的舊作風、老辦法，認識到改變的可能性，並為飯店的經營績效而積極探求創新之路。

這些衝擊，將是長遠的，對飯店管理體制會有良好影響。

之後做什麼

諮詢報告提出之後，整個諮詢工作可以告一段落，然後，由飯店管理部門參照諮詢（診斷）結果，自行研究改進之道。

當然，管理部門也可以進一步委託飯店顧問進行店內規章制度的開發，或進行組織架構的調整等等。

這是下一階段工作的開始。

五、諮詢成果應用——以調查反饋法為例

調查反饋法

諮詢的目的在於解決問題，而解決問題就要應用很多成「體系」、成「建制」的方法。我們將在後面詳細論述，這裡僅以「調查反饋法」為例，將飯店顧問展開諮詢工作的全過程，作一個「片段展示」。

調查反饋法，主要是利用問卷，向一家飯店或飯店中的某一部門收集有關該飯店組織與成員的資料。資料收集完畢後，顧問要做列表摘要、分析，並將結果反饋給飯店成員。

諮詢成果的應用，由此開始——

飯店要組織員工在這些具體資料的基礎上，共同研究解決飯店裡的問題，並擬訂解決問題的具體計劃。

調查反饋法成果應用是「PDCA」全過程

無論是採用調查反饋法，還是其他辦法，我們都應明確一點：成果的應用必須貫穿於整個諮詢過程，而不是單就結論而展開。這也是諮詢服務的一個重要特點。明確這一點，將有助於飯店顧問與飯店不僅應關注諮詢（診斷）報告的完成，更應關注報告出爐的過程及針對報告所歸納問題的後續處理（整改）。這一點對於飯店方也是適用的。

換言之，完整的成果應用，應包括諮詢計劃的制訂、執行、問題討論以及評估處理，就是前述的「PDCA」全過程。

調查反饋法實施的六個基本步驟

第一步，是飯店管理層及部門員工代表共同參與決定調查的重點及解決問題的方向。飯店顧問則將在之後被邀請參與這一階段的諮詢工作。

第二步，飯店顧問向相關部門成員發出問卷，說明填寫問卷的要求與方法，並在飯店管理部門的協調下，組織答卷。

在大型飯店，固然可以利用抽樣的技術，但為達到員工激勵的「過程輔導」目的，最好能採用普查的方式。

第三步，資料回收後，飯店顧問要對資料進行分析，然後依諮詢重點做成分類圖表，製作摘要文檔案，並向飯店方提出下一步諮詢途徑的建議。此過程中，飯店顧問還應訓練內部人員掌握有關資料分析的技巧，以便於展開此後的諮詢工作。這也是「過程輔導」的一部分。

第四步，資料分析結果反饋。反饋的對象通常是由飯店的最高層級開始，而後向下延伸。最高層級可能是飯店負責人，也可以是高級決策團隊，也可能是由高級管理人士組成的一個「飯店××委員會」。

第五步，飯店最高層級根據反饋資料的分析與診斷，與飯店顧問進行詳細討論。之後，依據報告共識，研討、制訂或修正下一步的行動計劃。其中包括應該如何向下層員工反饋諮詢結果。這很重要，若忽略了向員工報告的環節，將使診斷工作半途而廢。

第六步，飯店管理層召開基層管理人員與員工骨幹會議，在會上反饋診斷結果，並布置下一步工作。

在大型飯店裡，診斷結果的反饋通常隨著飯店層級的變化而逐漸細分或有所選擇。如，最高層級可以看到全面問題，然後，他們

可以將所看到的問題，依性質與範圍，細分到其下的各部門經理，而各部門經理也可以再就其所收到的反饋結果，進行再分析，並擬訂具體的操作計劃，再將細分後形成的結論，層層傳達，層層細化，直到飯店最基層的每一個人都知道。這也是飯店所適用的命令垂直管理體系的性質所決定的。

　　當然，細分並不排斥對公共訊息的傳達。也就是說，一個部門應獲得與它有關的所有訊息，而不論此訊息是否已經分給了其他部門，否則，將破壞「飯店一盤棋」的基本理念。

第三章 諮詢與診斷技術

一、飯店諮詢與診斷：飯店發展的組成部分

圍繞「組織」這個核心，達成飯店發展的目標

社會中的任何實體，欲更有效地達成它的目的，必首先強化其組織建設，並不斷使之運行更健全。

這才是正確的方向。中國飯店業的個體戶時代，已經結束。

因此，飯店諮詢、診斷的目的，既不在於羅織一些於事無補的言辭，聽起來順耳，哄哄某個人；更不在於使之成為某種藉口用來實現一些個人的企圖。故必須引進組織概念，並圍繞組織核心，處理好組織這一「軟實力體」與飯店硬體的「硬實力體」之間的關係，實現飯店組織發展，促成飯店經營目標的實現。

組織發展——飯店諮詢、診斷的用武之地

飯店組織發展，是解決飯店諸多問題的一個可行的方法。

一方面，它是一種飯店組織革新的哲學，同時，也是許多具體管理技術的集合，更是關於飯店諮詢、診斷成果的應用。

早期，飯店組織發展作為組織管理學的一項重要組成部分，初被認識時，還僅侷限於感性訓練之類的特定範圍。20世紀90年代，其涵蓋的範圍越來越廣，各種新的管理技巧和方法不斷推出，作用也日益顯著。

飯店管理者應適當研讀一些組織學方面的書籍，如明茲伯格的《有效的組織管理》、德魯克的《有效管理》等等。

飯店諮詢、診斷是飯店發展的組成部分

飯店（或其組織）發展應該是有計劃的，在事先規劃好的基礎上前行，這也是飯店諮詢、診斷的意義和作用所在。

經過飯店諮詢、診斷，發現現狀中存在的問題。然後，針對這些，研究出一套改進方法，透過或協助飯店組織，動員人力、物力等資源來實現之。

因此，飯店諮詢、診斷是飯店發展的一個組成部分。

飯店發展的具體內容

透過諮詢診斷，應該幫助飯店取得以下至少八方面的成功：

1・確立具體的飯店工作目標。

2・設計出合理的飯店組織架構。

3・做出恰當的職位規劃。

4‧透過對話，減少歪曲與誤解。

5‧同事之間保持平和心態。

6‧工作上的意見分歧，不影響人際交往。

7‧協助每一位員工成長與發展。

8‧對任何政策、規定制度、管理措施，都抱著研究、改進的開放態度。

飯店發展諮詢、診斷將改變什麼

飯店發展，跟我們通常所說的管理發展不是一個概念。後者是管理學內容，是針對某一個或一群經理，設法改變其個人的管理風格。

飯店發展的對象，是整個飯店營運體系，經理只是其中的一個環節。所以，以飯店發展為診斷內容，其收效往往更大。

比如，飯店顧問為某飯店進行有關解決部門摩擦問題的諮詢與診斷。結果發現，這些問題的主要根源在於飯店組織設計不合理，於是，飯店致力於改變組織設計。此後，摩擦果然減少了。

又如，某飯店擴建時，引進了康樂和游泳池設施。這便涉及到硬體、軟體配套的問題。飯店顧問介入，首先考察該決策過程的科學性，如有沒有聽取不同意見？反對觀點中有哪些見解？有沒有其他可行的辦法？誰都知道，飯店設施的運作是靠整體密切而有效的團隊合作來實現的，那麼，一線硬體設計人員是否注意到這些——如位置安排，是否有利於服務提供的流暢性？必須將飯店作為一個整體來考慮，才可保證日後營運的順暢。

可見，飯店諮詢與診斷，乃在於為飯店組織的發展提供另一個

更加全面、立體的視角。這也是西方國家機構、企業肯為諮詢業支出千百億資金的理由所在。

飯店諮詢、診斷成果應用的七種方式

1．形成新的指令或訓話

一般來自上級，並以單向溝通方式傳遞給下級。

2．換人

主要經理易人。很多情況下，人事的改變可促成飯店組織的改變。

3．調整組織架構

採用這種方式以修正飯店組織架構和部門間的關係，進而促成該飯店組織行為的改變。

4．導入項目小組機制

由一個小組來選擇及執行飯店顧問的建議方案，設項目經理，研討、執行經營與管理個案──在別人發掘問題的基礎上，由小組協議應採取可行方案中的哪一項行動，並推動執行。

5．提高飯店管理者的獨立思考能力

由飯店顧問收集有關飯店營運的資料，然後，反饋給飯店管理層，再由飯店成員自行分析資料，以發掘問題並解決它們。這一過程將在提高飯店管理人員的獨立思考能力方面，發揮重大作用。

6．成立飯店「自診小組」

在飯店顧問的協助下，成立「自診小組」。小組自行收集資料，發掘問題，解決問題，實現自我成長。「自診小組」可能是一

個專門小組，也可以是一個部門。

7·促成員工自覺行動

假設，目前人際關係的改變當可帶來團隊工作關係及工作方式的改變，於是員工能夠很好地接受授權，自主自發的工作，並由此帶來工作績效的改善。

很明顯，這些方式展現的是組織行為逐層改變的過程，即由上級片面權力運用，到上下合作，再到團隊相互影響。

飯店諮詢、診斷的完整性

作為飯店發展之一環的飯店諮詢、診斷，應明確其完整的循環過程：飯店諮詢，診斷，設計規劃，採取行動；再諮詢，診斷……

這也是飯店顧問所要求的服務精神所決定的。

當然，要想達成這樣的完整性，單憑經驗是不夠的，飯店顧問應有廣博的知識、豐富的實踐經驗和卓越的工作能力，更應堅信飯店組織對人的發展所肩負的責任。

飯店顧問對個人的信念

1·堅信每個人都有成長與發展的需求。這些需求，多半可在一個富於鼓勵性與挑戰性的環境中得到滿足。

2·堅信多數飯店員工尚未完全發揮潛力，只要略行改變，他們都能擔負起比目前更大的責任，能為飯店目標貢獻更大的力量。換言之，就是堅信飯店工作設計、管理假設等諸種因素還不能充分激勵個人的成長，大有改進的餘地。

飯店顧問對團隊的信念

1・堅信團隊對個人而言極為重要。絕大多數員工,都渴望團隊(特別是工作團隊)能滿足他們的各種需求。這個團隊成員,包括同事及上級,他們對員工個體具有非常大的影響力。

2・堅信團隊具有可塑性。任何工作團隊,依其性質,對飯店而言,都可以是有益的,也可能是有害的,尤其是非正式組織。因此,要對團對施加正確的引導。

3・堅信工作團隊合作的必要性。若能合作,並同時滿足個人的需求及飯店目標,則必可增強工作團隊的效能。為此,任何管理者個人,都不應憑其喜好,草率地發號施令,以權威壓人。團隊成員的對話,是實現團隊合作的重要保證。

飯店顧問對組織的信念

1・由於飯店組織是一個體系,因此堅信,任何一個子體系,如大廳、客房、銷售等的改變,都會影響整個體系。

2・堅信飯店文化氛圍的改變,能影響飯店的每一個成員。多數人的感情和態度會影響他們的行為,如果飯店的組織氣氛是在抑制這些感情及態度的表達,那麼,問題的解決、工作的滿足感以及個人的成長,就都要受到不利的影響。

3・堅信大半的飯店組織中,人們彼此的互相支持、互相信任以及彼此合作的程度都不理想,因此,需要飯店顧問做診斷工作。

4・反對誇大競爭機制的作用。飯店實施員工或部門彼此競爭的策略,有時雖然有用,但多數情況下,對員工及飯店都會產生副作用。

5．堅信員工無辜。個人之間或團隊之間的人格衝突，往往是飯店組織設計造成的，而非個人因素所致。因此，要找組織問題，找經理問題。

6．堅信飯店組織是有感情的。當我們將感情視為影響工作效能的重要因素時，領導作風、對話、目標確立、小組間合作以及工作滿足感等都有可能獲得改善，因此，片面地強調「工作是工作，玩是玩」的兩分法，會帶來副作用，尤其在亞洲人主持的飯店。

7．堅信飯店工作研討、組織團隊活動，是促進飯店成長的最重要途徑。將命令式或安撫式的解決衝突方法改為開誠布公的討論，可以同時達成個人成長需求及飯店組織發展的目標。培訓工作可以發揮這方面的作用。還有員工活動，也將發揮重要作用，因此，飯店工會等組織應有所作為。

8．堅信一切都非一成不變。飯店組織架構以及服務流程的設計，都可以修正，以使其更有效地滿足個人、團隊組織的需求。

二、角色期望法

目的：促成明晰的角色定位

飯店各部門工作人員、各級管理人員都有著各自不同的期望，希望採取不同行動，我們稱此為角色期望。

不過，這些不同職位的個體期望，有時並不明確，甚至有矛盾。角色期望法，就在於澄清角色，明確職位職責，實現有效授權。

要注意，實施這項諮詢診斷的基本點，在於對事（職位角色）而不對人（行為與態度）。故此，避免行事情緒化，是其中重要的

一點。

　　角色期望法，比較適合應用於一個飯店、團隊或一個部門新成立以及有新成員加入的階段。

角色期望法可能遭遇阻力

　　飯店顧問透過對飯店現狀加以諮詢、分析、診斷，發現存在角色不明或角色衝突問題，把這一發現反饋給飯店主管部門後，這時可能會遇到阻力，特別是經理人員保守不願意嘗試新事物時，阻力便更大。

角色期望法的操作要點

　　1‧確立職責目標

　　澄清或重新確定飯店每個職位的角色，包括總經理的角色，也應納入討論範圍之內。這或可以算作飯店培訓的內容之一。

　　2‧選擇工作地點

　　實施角色期望法所需時間雖然不會很久，但卻要保證在活動期間不受任何干擾。

　　3‧確定職位角色期望

　　每位經理都將自己認為準確的任務與職責，用粗彩筆，寫在一張大紙上。然後，所有與會者都對此發表意見，陳述理由，釐定每個職位的職責。飯店顧問要注意維護現場和諧開放的氣氛。

　　4‧完成分析

　　當參與者對某一職位角色及工作內容形成一致的看法之後，當

事人即可以重新寫出其職位角色期望，並在事後印發給所有與會者，使大家對此有一個明確認識。

5．分析的程序

一般而言，這種角色定位的明確，要先由那些較單純的職位開始，最後，才是本飯店最高經理的職位角色。要每個人每個人地進行，一個人完成之後才是另一個人。

6．定期進行

也可以這種形式進行培訓，我們設定其為飯店成建制培訓的一項重要內容。至少每年搞一次，以適應飯店業務發展的需要。

當然，為新進人員舉行這種活動，時間可略短，焦點可以集中於新進人員對職位技能的認知。

注意事項

角色期待法可以促成飯店的工作關係更加密切，還可以在大的原則確定下來之後，私下進行一些協商，將彼此的職責搞得更明確。

這種做法會從整體上，使各成員對飯店使命、目標及其現存問題有統一的認識，有助於提高向心力。

職位角色定位的具體成果，就是「職位說明書」、「職位職責」、「經理分工說明書」等。不過，它與傳統上由人事部發出的「工作說明書」有很大不同，它更能注意到與所有方面人員、部門之間的關係，並可以藉此明確各個方面對該職位的工作標準的要求。

三、力場分析法

力場分析法：尋找動態平衡的作用力

力場分析法（Force Field Analysis）由心理學家庫爾特·盧因（Kurt Lewin）提出。盧因認為：任何事物都在一對相反作用力下保持動態平衡。其中，推動事物發生變革的力量是驅動力，試圖保持原狀態的力量是制約力。組織變革，則驅動力必須超過制約力，從而打破原有的平衡。

飯店顧問應用力場分析法作組織狀況分析，也要找出支持改革的力量與潛在的阻力，並要注意，一個力量的改變，會引發關聯力量的改變。飯店顧問必須對各種驅動力與制約力作細緻分析。

促成飯店機制改革及其五大步驟

針對飯店顧問提出的問題和建議進行飯店機制改革，自然不是一朝一夕可完成的，它是飯店一項長期的工作。

從總體上講，進行機制改革可以包括五大步驟：

1．透過飯店諮詢、診斷，確認需要改革的現實要求。

2．建立起內部支持改革的關係體系。

3．實施改革。

4．穩定改革成果，使其被全體員工接受。

5．實現最終內部工作關係的確定。

四個要點

1‧定向

這自然是飯店顧問必須完成的事。要指出飯店之所以沒能達到理想的目標，原因何在，如何改革，朝哪個方向改革。

2‧準備

定向之後不能馬上實施，而要以小組會議的方式，討論並開列出此項改革的潛在阻力與支持力量都是哪些。

3‧找出並繼續追尋背後的力量

支持因素或妨礙因素的背後都有很多力量在發揮作用，甚至不僅有一層，還有兩層、三層的。飯店顧問要探究這些背後的力量。

4‧擬訂行動計劃並進行改革

計劃是針對各種阻力和支持因素進行的，要對阻力加以處理。

四、管理格矩法

應用管理格矩法的目的：邁向「最佳方向」

管理格矩法是一種極有體系的飯店發展方案。

它擴大了飯店諮詢、診斷和發展的範圍，將飯店組織制度、結構、經營策略都考慮進來，目標是邁向「最佳方向」。儘管近年來，各種新的類似的方法被不斷開發出來，如「六西格瑪法」、「平衡記分卡制」等等，但就綜合效應上看，這個看似傳統的方法，仍不失其有效性。

管理格矩法的核心要素

為什麼說管理格矩法有現實意義，是因為管理格矩法關注服務生產和員工這兩個維度。

此法對服務生產的關心對象甚廣，如創新意見的多少、政策水準、行政服務品質、效率與工作負荷量、飯店服務產量或所服務客人數量等。對生產關心並不限於實質的服務產品，也可指個人工作上的成果。

對員工關心，也可以分成多個指標，如重視個人的價值、建立良好的工作環境、員工對完成工作的參與程度或承諾、安全感的要求、優厚的待遇與福利、社會關係等等。

管理格矩圖

透過管理格矩圖，可以顯示出管理上的兩種作風——以服務生產為重？以員工為重？在其交互影響下，各種情況都可能發生。

縱軸表示對員工的關心程度，範圍由極小（1）至很大（9）。

橫軸表示對生產的關心程度，範圍由極小（1）至很大（9）。

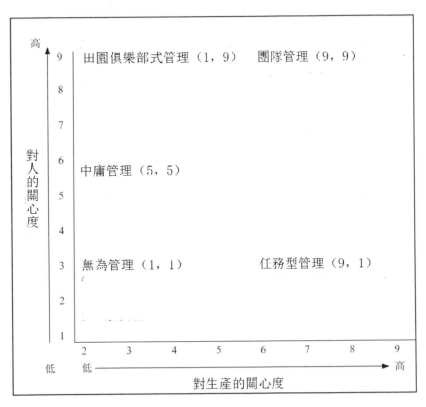

管理格矩示意圖

（1，1）型管理作風：無為管理

（1，1）型作風的經理對員工、服務效率、工作量都漠不關心。

他個人的觀點是儘量避免麻煩。我們可以說他已習慣了失敗，他只關心保住工作，希望的是勿生波瀾。他的作風是把工作派給部下，讓他們自行其是而不聞不問。他只是個傳達上級命令的「傳聲筒」。由於他小心謹慎地「奉公守法」，因此也很少惹上麻煩。

（1，9）型管理作風：田園俱樂部式管理

（1，9）型的經理對服務效率、工作量不太在意，但對員工卻極為關心。

對（1，9）型經理而言，人們的感情、態度和需求等應該受到高度重視，這一類型的經理儘量設法為員工提供輕鬆、有保障而且舒適的工作環境。他認為，組織對生產量的要求過高且不必要。因此，他決不在服務效率、工作量方面增加對員工的壓力，以維繫部下對他們的擁護。

（1，9）型經理的基本假設是，如果他能體諒部下，他會獲得部下的忠誠，而由於忠誠感的影響，下屬自會完成他們分內的工作。因此，他們覺得不必過於關心下屬的責任及可靠性；心情愉快的員工，即使不加壓力，一樣會保證服務效率、服務品質，完成工作量。

（9，1）型管理作風：任務型管理

這類作風顯示於管理格矩圖的右下角，其特色是，不關心員工，只要求高服務生產量。

（9，1）型的經理假設人的需求必定與組織的需求相衝突。既然不可能兩者兼得，個人只能服從組織需求。個人的創意、衝突及承諾感都不被重視，整個焦點在於工作組織。

（9，1）型經理做各種規劃，部下們則奉命行事。這背後的假設是：上級永遠是對的，部下就是部下，能力智力永遠不及上級。由於員工自心底不喜歡工作，因此，如果要完成組織任務，組織的上下層級必須強化，要將外在的規定、指導及控制制度施加於員工。

（5，5）型的管理作風：中庸管理

（5，5）型管理作風的經理，對員工及服務效率、工作量都表現出同等的關切。

（5，5）型經理也和（9，1）或（1，9）型經理一樣，假設組織的需求與員工的需求是相互衝突的。不過，他解決衝突的方法卻不相同。（1，9）型經理在員工方面謀求問題的解決，（9，1）型經理全心注意工作量，而（5，5）型經理卻在「不可避免的」組織與員工的衝突之間尋求折中妥協的途徑。他認為重實際的員工們會瞭解這些，也只有這樣，工作才能完成，又假設對工作的需求及個人的需求給予妥協及適當的重視，可以令員工多少滿意於現狀。這類管理作風的基本努力目標在於尋求一個中庸之道，以保持兩方面的平衡。

因此，在做法上，不是採取（9，1）型嚴厲的權威命令，而採取請求和推銷方式。一般而言，（5，5）型作風的經理在強調規定規章上是堅定而公正的。

（9，9）型的管理作風：團隊管理

（9，9）型的管理作風位於管理格矩圖的右上角。

這種作風背後的假設，不同於主張組織與員工需求必然衝突的其他管理作風。

相反（9，9）型的經理相信組織與成員的需求，可以經由員工參與決策的方式來達成統一。

因此，（9，9）型經理的目標是發展密切合作的團隊。使之能同時達成服務效率、品質及員工士氣的提高。

（9，9）型經理不同於（1，1）型經理的退縮，或（9，1）型經理的過分強調工作，或（1，9）型的過分關切員工，或（5，5）型的謀求妥協。（9，9）型經理認為：只有在能滿足員工高層次需求的環境裡，才能實現最好的服務效果。身分、地位和權力對服務品質影響力不大，而個人的貢獻和成就感才是個人動機與組織績效的關鍵。

這種管理作風下，注重員工的「參與」，指讓員工多思考，發揮影響力，因而積極支持工作計劃，而非只是順從或抗拒。這就是說，必須有良好的對話──各層級應提供實際資料及統計數字，訊息共享，以便讓員工瞭解情況，從事組織討論，達成決議。

「良好的對話」的意義，在於自我指導與自我控制，而不要盲目的服從。只有對主要的組織問題作一番討論、辯論和深思熟慮，並共同認識了健全的組織目標，才能真正瞭解組織的經營狀況、工作方向，並產生步調一致的努力和對工作的承諾。

飯店管理格矩法實施（1）：管理格矩專題討論會

1．由飯店管理層組織並參與管理格矩專題講座。然後，與會者回到各自的部門，訓練下一層經理。

2．部門的管理格矩專題討論會應在飯店內進行，為期一週，情形與上級飯店經理們所參加的相似。

3．討論會由一些小組來參加。每組5～10人，理想的情形是由各部門或組織中不同層級的代表組成。

4．利用問卷、測驗工具，以理論與實際結合的方式來進行為期一週的專題討論。

5．討論會中採用多種問卷，問題涉及管理者的決策、信心、

衝突、性格、幽默感、努力等方面。問卷答案要公布，以便個人瞭解自己的管理風格。

6．每個小組專門討論一項或幾項目標。

7．在形成實現目標的解決方案後，要對照總目標來衡量。

8．橫向對比，檢查工作效能。

由於評分工作是在一連串的全體會議中進行，每小組不但能參照標準比較自身的工作效能，還會有機會與其他小組的效能作一比較。

全體會議後，每一小組各自檢討其處理問題的方法，發現應消除的阻力所在，以便下次作業時謀求改善。

這種自我學習的方法，在瞭解小組的行動及謀求將來改進的方法上，極為重要。

此階段是一個循環的過程：首先成立小組，研究具體問題，自行評分；而後就某特定標準和其他小組的表現，作自我對照檢查；然後，要進行自我分析；最後是對新問題進行整理。

飯店管理格矩法實施（2）：團隊合作發展

1．經理學習團隊合作的內容，分為對上級的團隊合作與對部屬的團隊合作兩個方面。

2．建設團隊的活動，通常選擇在工作以外的環境中進行比較好，這樣，團隊成員方可在毫無干擾的情形下學習團隊合作。

3．團隊的建立始於高級經理層級——總經理與行政管理者，或總經理與各部門經理。

4．飯店顧問在場做協調工作。

5．每個人立足團隊立場完成一系列的選擇測試題，而後，每一隊再選出每個測試題的答案。

6．以專家的標準解答為準進行評分。之後，飯店顧問再與大家一起討論。

7．每隊成員要找出工作改進目標及需要克服的障礙。

飯店管理格矩法實施（3）：團隊間關係的發展

單是發展「上級—部下」的團隊或特殊小組仍然不夠。

飯店中有不同的部門、職位，各有所司，目標不同，若要達到飯店最佳狀態，各部門和職位必須密切合作。

改進團隊之間的關係有下列四個步驟：

1．接受課程訓練之前，每個參加者要先準備一份書面報告，說明與理想關係相比較之下的實際工作關係。

2．各組分開，獨處幾日，靜靜思考對實際工作關係與理想工作關係的看法。

3．兩組會面，每組的代表闡述己方意見。

4．兩組共同研究如何改善雙方的關係。

當兩組都清楚地瞭解雙方將採取何種行動及如何跟進時，此一行動階段即告完成。

飯店管理格矩法實施（4）：確定最佳的組織狀態

在本階段中，最高經理要從六個方面來研究如何達到組織最佳狀態：

1‧明確飯店財務（或銷售）目標的最低與最高標準。

2‧確定飯店活動的性質。

3‧說明市場及客源的性質與範圍。

4‧完善飯店組織結構，使各項作業互相配合，達成最佳效果。

5‧完善飯店決策的基本政策。

6‧制訂一些促進成長，避免飯店成員落伍的具體方案。

對上述問題的解答，要遵循三項有益的指導原則：

1‧應該利用最新的科學與技術方面的知識。

2‧不可違反法律法規，要密切注意政府發布的政令法規。

3‧飯店經營業績的最終衡量標準，應是利潤。而對二線行政部門則應開發其他的衡量標準。

最後，讓飯店較低層級的員工瞭解改進組織狀態的方式，並聽取他們的批評、意見和建議。然後，有必要的話，再對改進方式作修正。

飯店管理格矩法實施（5）：實施理想的策略模式

假如前面四個階段已圓滿地完成了，則實際施行組織改進時的許多阻礙都已消除：經理們對管理格矩理論有相當程度的理解，對話上的困難已被解決。

因此，實施理想的策略模式，只是記住某些要點即可。

1‧飯店的性質和其市場環境，決定了理想飯店策略模式內的業務範圍。

2・確認出一些應加重新組合的部門，如成本中心或利潤中心。這些部門固然要保持其作業能力，但應該儘量縮小編制。

除了規模極小的飯店外，多數飯店的複雜性使上述部門不可或缺。

3・在飯店管理集團中，每一獨立性部門，都應有政策小組。

政策小組依照飯店的理想策略模式，來準備和檢查該飯店或本部門作業情況。

4・由於某些部門業務不可能完全獨立，故飯店需建立一個總管部門。該部門至少要有能力去開發主管人才、投資資金及提供整個飯店一些比基層職位所能提供的更廉價或更有效的服務。

5・政策小組的協調者與飯店策略執行者，須確保飯店上下都清楚地瞭解實施的策略，這樣，才可維持改革的熱忱，並將實施理想策略模式的阻力降至最低。

飯店管理格矩法實施（6）：體系化評估

達到理想飯店組織最佳狀態的最後一個階段，是有體系地評估前幾個階段的進展與成果。此評估，還應包含對飯店未來活動的成體系的規劃。

評估主要有三種方式：

1・正式評估

在最初內部的管理格矩專題討論會訓練活動階段，即可應用此類評估方式。

2・自然評估

在業務運轉或決策過程中，對產生的問題進行評估。

3・有體系的評估

成體系的評估將使用較多的直接衡量與考核的手段。

評估的範圍，包括個人的行為、團隊合作、飯店策略、組織文化等。

被調查者首先要回憶在推行管理格矩訓練之前的組織狀況，比較原組織狀況與現今的組織狀況。然後，由他們來推測未來一兩年內飯店組織應如何發展才可達到理想的狀態。由過去、現在、未來的對比分析，飯店顧問可以判斷出飯店組織向「最佳狀態」邁進的程度。

五、團隊狀態考察

飯店發展是團隊的事

飯店工作的性質決定了其對團隊精神的極端依賴。幾乎沒有哪項業務不是靠團隊合作來完成的。團隊，既可以是某個部門，也可以是全店；既可以是常設機構，也可以是臨時的建制。就總體而言，此處所指的是飯店整體。

不佳團隊的徵兆

當一個飯店團隊運行不佳時，會有以下五種徵兆：

1・服務效率降低。

2・參與意願降低。

3・分工不明確。

4．缺乏創新意願。

5．成員間彼此產生敵意。

建設團隊的目的，就是解決這些問題，實現以下兩個組織管理效果——

1．依靠多數人的力量與智慧，集思廣益，群策群力。

2．使得每一位成員都能獲得其個人的滿足與適宜的激勵。

在一個未經訓練的飯店高級管理者領導之下，團隊建設往往會出現這樣的局面：為了讓參與者人人都能接受最後的決策，決策變成了一種「妥協」，因而降低了決策的品質。

因此，如何建設團隊，並使之有效運行，就大有可研究之處。

飯店人才是團隊建設的「主人」

建設團隊，簡單地說，就是透過種種活動，提高團隊解決問題的能力，並且使每一位成員的潛力得到最充分的發揮。

建設團隊的工作會議，主持者應該是飯店的主管經理，而非外界的飯店顧問。因此，在開始建設團隊時，飯店顧問即應與飯店主管經理密切對話，以確定自己的參與程度。

其實，第一次與第二次建設團隊會議的策劃與執行，有時也可以由飯店主管經理自行處理，而不必假手外人。

但委託飯店顧問來做這件事的好處，是顧問具有較豐富的經驗，處理技巧可能更圓熟。但最終解決問題的，一定是飯店人自己，也就是說，飯店人才是團隊建設的「主人」。

建設團隊究竟是否需要外界的飯店顧問，飯店業主應考慮下列五項因素：

1・問題的性質是什麼？

2・飯店主管經理對嘗試新的領導作風的意願如何？

3・飯店主管經理對建設團隊做法的瞭解程度怎樣？

4・飯店成員間坦誠開放的程度如何？

5・飯店主管經理本身是否就是一個影響飯店有效運行的障礙？

只有這些問題都確定了答案之後，「自診」或是「尋醫就診」的決策才有依據。但即便「尋醫就診」，團隊建設的「主人」仍是飯店人自己，而非飯店顧問。

如何組織建設團隊的會議

1・資料準備

在飯店高層管理者的支持下，我們先以訪談或問卷的方式，收集與組織發展有關的資料。這些資料的範圍，隨著此次建設團隊會議的目的、組織以及成員的特性而定。通常，包括領導方式、領導行為、飯店目標、團隊運行障礙，以及其他與工作有關的技術性問題等。

資料收集完畢後，即可召開正式的建設團隊會議。

2・會議組織

（1）會議時間可由一天半至一週，視所討論事項的多寡而定。

（2）會議地點最好選擇在平日辦公場所之外，一方面可以減輕參與者心理上的壓力，另一方面也可以避免例行性工作對會議的干擾。

（3）飯店顧問需將所收集的資料，依據不同的性質，分門別類地歸納出討論主題，請與會者提出討論主題的先後順序，並據此擬定出會議議程。

飯店顧問在此時可以採取一個旁觀者的態度，僅僅將他所觀察到的團隊行為向大家反饋；也可以扮演更積極的角色，協助與會者決定他們的議程。下面，詳細來探討。

飯店顧問在會議中的三種角色定位

在建設團隊會議中，飯店顧問可以扮演三種不同的角色：

1·主持人

僅在程序上協助大家確認與診斷本部門的問題。

2·評論人

在適當的時候，顧問對參與者提供更進一步的指導。

3·指導教師

扮演更具體的教師角色，向團隊成員正式地解說有關團隊驅動力、領導方法以及衝突解決等觀念。這個角色雖然看起來可以讓飯店顧問發揮更大的作用，但在建設團隊的過程中，卻應該儘量避免這種做法，因為建設團隊的主要目的，是提高團隊學習和培養其自我診斷以及解決自身問題的能力，飯店顧問參與過多，反倒有礙於這個團隊建設的主要目的。

建設團隊模式選擇不可一概而論

每種建設團隊的方法都不是萬能的，都有其適用的範圍。

當飯店所面臨的是組織架構方面的問題時，情況將完全不同於部門間的摩擦，或僅為兩個人之間的衝突。因組織狀態不同，建設團隊的模式也有差異。這裡重點介紹四種模式。

1 · 目標模式

特別強調關於飯店團隊目標的認同，並藉此影響團隊中個人和集體的行為。

在做法上，首先是讓飯店成員充分參與團隊目標的擬定，對組織產生更主動的承諾感。比如，由飯店成員集體探討團隊的目標：

● 之前是哪些？

● 究竟應該是哪些？

● 應該做哪些增減？

● 它們彼此間的優先順序如何？

同時，在發展出一套新的團隊目標後，有時尚需擬訂一套推動的計劃，來確保飯店目標的執行與完成。

2 · 人際模式

如果團隊中的人際關係良好，則必能較為順暢地達成目標。這是此模式的基本假設。因此，人際模式注重的是提高員工彼此的信任感、信心、支持以及倡導不帶有人格判斷的有效對話等，並相信在這些因素獲得改善後，團隊便能更順利地解決問題，有效決策。

此模式不強調激勵，也並沒有將人際關係本身列為一個組織發展目標。它所做的，在於創造一種團隊工作氣氛，使得大家能在這種氣氛下，很自然地面對彼此間的衝突，並且坦誠地交換意見。

71

在進行這類培訓時，通常是以室內培訓為主，由飯店人員演練團隊決策情境，飯店顧問（培訓者）指出此間的人際關係因素，說明這些因素是如何影響團隊決策的。透過演練與評論，使接受培訓的人體驗人際因素的作用，進而調整自己的行為。

3・角色模式

通常以會議的方式，讓大家面對面地澄清彼此的工作角色。跟職位角色定位方式相近，只是範圍更廣。

有時，這種會議所討論的範圍，也可以涵蓋領導方式、權力關係、與其他團隊的關係等事項。目前，大部分培訓公司都能提供這方面的服務。

4・管理格矩模式

管理格矩模式中的團隊管理，既高度關注服務效率，又充分關注人的滿意度，是比較理想的團隊發展模式。

影響飯店團隊建立成敗的九大因素

1・團隊支持與否

飯店團隊領導者及其上級是否全力支持，全體成員是否熱心參與，都會影響到建設團隊行動的成敗。

通常，在建設團隊的過程中，需要飯店顧問來指導，就是希望有一位經驗豐富的人，能從客觀而超然的立場，來引導整個改變過程，由此減少因「自己人」的個人因素可能帶來的副作用。

2・有無願望

和所有的飯店改革策略一樣，建設團隊工作的時機，要選擇飯店組織成員已認識到潛在危機存在而易於「破冰」這樣的時刻。因

為在這種時候，大家的改革意願與決心都比較強，高層管理者或是革新的策劃人如果能善用危機，則改革成功的幾率必然大增。

而飯店顧問（或訓練者、輔導員）也要有充足的時間去收集資料，瞭解飯店，以便設計出更適合本飯店建設團隊的培訓模式。

3‧決策主動性強弱

如果團隊在改革決策上的主動成分較大，則建設團隊的效果也就比較明顯。

決策上的主動性，是指團隊成員有充分自由，來自行判斷各種改革的可能性，同時，也能很清晰地瞭解外在市場環境，包括本團隊的服務對象、更高層次的目標、其他合作部門等，所加給飯店的限制。

當團隊能自由判斷選擇，而且對各種限制條件又能瞭解時，整個建設團隊的行動，就會變得更符合實際，且更易於成功。

4‧能否對症下藥

建設團隊，沒有哪種辦法是包治百病的妙藥仙丹，成功與否，全在於能否對症下藥。

5‧主管經理的準備充分與否

團隊的主管經理自認為很瞭解建設團隊的意義與推行方法，因而，在倉促中著手建設團隊的工作，如此則很可能因基礎工作缺乏充分的準備，而歸於虎頭蛇尾。

6‧主管經理的目的很關鍵

團隊會議應以團隊發展為目的，如果主管經理企圖利用建設團隊，來達到自己或上級經理的個人目的，情況將完全不同。比如，有些在建設團隊以後進行的人事調整，事實上，在會議開始以前，主管經理早已「成竹在胸」了。這將使團隊建設會議失去意義。

7 . 員工有無安全感

成員的安全感普遍偏低，使得大家無法或不敢公開談論與解決團隊中隱藏的深層問題，則團隊建設無法成功。

8 . 是否在逃避責任

一遇到棘手的問題，就推給團隊來解決，而管理人員則逃避職責，置身事外。如果有這樣的想法，則這個團隊建設會議必敗。

9 . 飯店顧問與飯店目標是否一致

主持建設團隊的飯店顧問或輔導員在行動目標上，與飯店團隊成員應高度一致。但有些時候，飯店顧問總想超越與工作直接有關的事項，而要更深入地「談論」人際關係的問題，而團隊成員卻不想觸及這些敏感的方面，這樣一來，在後者中就會產一種抗拒感，並因而降低了會議整體的效果。

如何組織團隊診斷會議

團隊診斷會議的主要目的，在於發掘該飯店團隊中存在的普遍性問題，以便日後製訂矯正行動方案。

1 . 預備會議

在這種會議中，成員可以由探討飯店團隊績效或服務效率開始，以探討未來的改進行動，具體步驟應包括以下六點：

（1）飯店團隊的主管經理，可以先和一位飯店顧問交換意見。

（2）如果雙方都認為建設團隊是一種合適的革新途徑，該主管經理就可以進一步徵詢全體成員的意見，並向他們簡要說明建設團隊的概念。

（3）如果成員反應良好，主管經理便可以要求他們在診斷會議召開以前，先深入思考本部門存在的問題，以及這些問題對整體績效所造成的影響。

（4）與會成員要思考如何改進本部門的工作與部門間的工作關係及不同部門間的工作關係。

（5）飯店顧問可以與若干成員交談，以初步瞭解問題性質，也可以就他們所提出的問題交換意見。

在上述工作完成後，即可進入正式的診斷會議。

2．診斷會議技巧

會議時間可由半天到一天不等。

在會議中交換意見的方式有兩種：

（1）全體開會。每位與會者輪流向大家陳述他對飯店所存在問題的看法。

（2）分組討論。每組五六個人，組內深入討論後形成結論，各組再交流意見。

3．診斷會議結束

當所有的看法都充分表達、交換並且確定以後，飯店顧問即可以輔導大家，將各種問題，依它們的性質加以分類。例如，飯店計劃問題、協調問題、權責劃分問題、人際關係問題等。

接著，大家開始針對每一個問題，擬訂具體的行動計劃。至於具體的行動，則在將來才正式進行。

為了確保行動方案的執行及得到及時的反饋與修正，通常僅一次診斷會議是不夠的，必須要有一系列的會議，才能真正達到建設團隊的目的。

也唯有這樣，才能使這次飯店發展行動，產生長久性的效果。

　　這種建設團隊的方式，優點是可以讓大家瞭解本飯店的長處、弱點以及平日不太被注意的問題領域。當然，如前所述，飯店成員間的合作程度，是這個會議成功的先決條件。

第四章 飯店開業諮詢指要

一、飯店開業顧問的視野

二、飯店規劃與開業

一、飯店開業顧問的視野

為何要對硬體把脈

在瞭解了飯店管理諮詢的一般常識，確定了飯店顧問的角色之後，我們將進入諮詢的實際操作階段。

當然，管理諮詢的對象應是「既有對象」，就是飯店及其相關「硬體」已經存在。然而，很多時候，問題就出在「硬體」上，所以，我們必須將關於飯店「硬體」問題的諮詢，納入管理對象。這個觀點來源於對以下四個問題的推演：

1．誰來操練管理諮詢業務？

飯店管理者和飯店顧問共同來操練。專職的飯店顧問，尤其要承擔起這個責任。

2．飯店為什麼需要管理諮詢服務？

是出於飯店生存、發展的需要。

3．是什麼在決定著飯店的生存與發展？

客人選擇飯店的需求。

4．客人選擇飯店的需求，有著怎樣的規律？

根據我們的調查，客人選擇飯店的需求，可以統歸為六類。

　　占據第一位的，是「硬體投入」。客人首先「看」中這個，因為它是客人能夠「看」到的。客人對硬體的需求，應該引起飯店顧問的高度重視。硬體診斷是本書要探討的要點之一。

　　占第二位的，是「人力資源」狀況，包括組織架構、溝通、管理等等。這個要素與「硬體條件」相輔相成，客人雖然「看」不到，但卻能清晰「感受」得到。為此，本書將用相當大的篇幅來研究這個問題。

　　占第三位的，是「市場企劃」能力。第四位的，是「營銷拓展」能力。這兩點合併起來，就是「市場營銷」能力，是關於形象、定位、品味的「宣示」，是透過一種特別的「表演」或「展示」，讓客人從「遠處」就能「看」到、「聽」到本飯店的推薦能力。

　　這是一個更大的主題。

　　占第五位的，是「服務品質」問題，就是透過飯店每一位員工的具體行動，將「市場營銷」過程中讓客人從「遠處」所「看」到、「聽」到的東西，切實地「得到」。

　　這也是一個特大的主題。

　　占第六位的，是「提升績效」。提升績效，對飯店經營管理者而言是一個必要的結果，對客人來說則是一個消費「體驗」的過程，他們能夠感受到「旺鋪」與「冷鋪」的不同，並願意到「旺鋪」去。這是因為「旺鋪」員工的精神狀態、硬體維護保養狀況、市場形象等等，更能保證客人會有愉快的「體驗」。

硬體：飯店成功的第一要素

原來，客人選擇飯店，飯店硬體是第一要素。

就是說，儘管飯店營運的本質在於「人的經營」，但這種經營的載體，卻是飯店的實體設施。飯店顧問沒有甚或缺乏對這個問題的明確認識，將使諮詢工作誤入歧途。

如果飯店經營者也沒有「硬體第一」的意識，則飯店經營必將事倍功半。

十年前曾經流行過一個口號，叫做「三星價格，四星硬體，五星服務」，其實是自欺欺人，走了彎路。為什麼？因為客人選擇飯店，首先考慮的是飯店硬體，硬體永遠是飯店成功的第一要素，不是第二，更不是第三。

斯坦特勒的名言「飯店成功的第一要素是地點，第二要素是地點，第三要素是地點」，也是建立在硬體基礎之上的。

換言之，硬體與經營軟體相比，一個是本，一個是末。這個基礎搞不牢靠，將影響一切管理，包括管理諮詢工作。

這裡，我們將圍繞旅遊飯店星級評定標準對硬體基本結構及其合理組合原則進行探討，以資飯店顧問在實施諮詢時，有全面的把握。

三個支點：飯店融入「區域共同體」

與政府大樓、大會堂、體育館、圖書館等公共設施不同，源於市場需求的飯店屬於商業設施，所以，其從設計、規劃到建設、營運都必須建立在「區域市場」及「區域社會」基礎之上。

換言之，透過飯店設計所展示的，不單是飯店這個商業設施本身，還必須有其「區域共同體」的社會、文化特徵，即其本身必須成為一個有著強烈地方色彩的「小社會」。不瞭解這一點，飯店管理諮詢工作將發生問題。

那麼，在硬體診斷中，飯店「小社會」的特徵是否體現充分，主要看飯店的三個功能是否齊備。

1．飯店住宿功能

這是確保飯店贏利的關鍵功能，因此，一切設計都要圍繞這箇中心展開。但是，大部分設計單位不能完全理解這一點（可能也不需要），這就需要飯店顧問協助飯店業主與設計單位反覆探討設計方案的合理性，以確保客房區域劃分合理、客房類型設計得當，實現客房收益的最大化。

2．飯店訊息中心功能

飯店訊息中心功能分狹義的和廣義的兩部分。狹義的訊息功能，是指飯店的商務中心設施、各種會議設施、展示設施、飯店形象宣傳等所發揮的訊息傳播作用，吸引客人在第一時間選擇本飯店。廣義的訊息功能，是指飯店是客人的訊息中心。透過服裝、服飾、裝修、裝潢、態度、語言、藝術品、菜餚、床鋪等一切細節，飯店都在傳達著讓人輕鬆愉悅的訊息。這樣的功能，使飯店成為「區域共同體」的中心之一。

3．飯店社交中心功能

餐廳、宴會廳、酒吧、酒廊、會議室、健身房、游泳池等設施，具有獨特的社交中心功能。飯店要確保客人在這裡能獲得安全、舒適、有品味的「社交服務」。

如上三者功能合一，飯店將是「區域社會」的焦點。反過來，如果沒有這三者的和諧，則飯店只能是專家眼中的「飯店」，而不是「區域共同體」的中心。

複合性：飯店不僅是住宿客人的飯店

如果我們僅將飯店定位為「來店消費」或「住宿客人」的飯店，那麼，我們的視野將非常狹窄。換言之，我們的管理諮詢，必須致力於創造一個更加開放、為普通的外來客人所利用的「區域共同體」的共同空間。「區域共同體」，即飯店設施將不限於飯店內，還必須包括與飯店外「50米生活區」、「100米生活區」、「500米生活區」、「1,000米生活區」內設施規劃結合、共用。

一念之差，整個飯店的設計方向甚至標準，都將改變。

無論規模大小，飯店功能的「複合性」越來越凸顯。

這是一個焦點。因為飯店的購物中心、健身房等設施的功能日趨多樣化。

飯店是城市建設的一個「點」，與城市這個「面」相結合，將能為飯店創造出相對穩定的收入，進而產生乘數效應，成為城市之中的「區域共同體」的典範，以增強飯店的公共性，提高飯店的美譽度，從而獲得穩定的客源，並進一步開發客人的需求。

「飯店地產」開發的概念，就是由這種「複合性」催生的。

總之，我謂「複合性」，就是要從管理角度，將飯店設計從「消費功能主義」模式轉向「區域共同體」中心功能的新模式。對飯店顧問而言，則要考慮飯店與城市的內在關聯性。因為只有當飯店立足的地塊特徵與其建築功能巧妙地結合起來，並產生出乘數效應時，它作為飯店的作用才可能完全發揮。這就要求飯店顧問必須

在硬體設計裡，加入這個城市的社會性、經濟性、歷史性等諸種思考，以鑄就一個飯店的靈魂。

飯店硬體的可經營能力

首先，飯店的地塊條件（主要是地理位置）很重要，因為它在未來的經營效果上，將至少發揮50%的作用，甚至更多。很多時候，競爭勝負的關鍵，可能就在於此。

其次，是建築物的結構、利用率、平面設計的合理性、工程費用等問題。這些，將在競爭中占有30%的比重。

地塊特點與建築風格結合所產生的乘數效應，加上服務品質和營業活力兩項因素，就將創造出100%，甚至更多的飯店產業效果。而對營業活力的預測，可以從以下七點加以把握：

1 · 本區域接待客人的能力，即客人對住宿的需求與當地能提供的客房量之間的供需狀況。

2 · 本區域的產業結構。它將深刻地影響客源的質與量。

3 · 本區域物價指數與一般消費特徵。

4 · 本區域的勞動力狀況。

5 · 本區域的飯店競爭狀況。

6 · 本飯店各營業口的需求預測結果，如客房、餐廳、宴會廳等的經營面積、可利用條件、細分市場前景、主要客源的消費習慣等。

7 · 客用交通設施的現狀與趨勢。

二、飯店規劃與開業

飯店成功的四個先決條件

1‧優良的資本

雄厚的資金當然非常必要，但優良的資本則意味著資金背後的投資人或公司的寬容、睿智、雄心、聯盟、信用。

2‧優秀的管理

指的是一個管理體系，包括連鎖優勢、經驗、優秀的人才、規範的服務流程、管理制度，以及非常合適的企業文化。

3‧良好的產品設計

每一個產品的設計都精益求精，並確保絕對「能用」、「好用」、「有用」，且有一定的風格、品味、獨特性。

4‧優質的地理位置條件

指的是飯店地點優勢：地點，地點，還是地點。

當然，很少有飯店能做到四點都齊全的，故此更需要作飯店規劃，也更需要飯店顧問的諮詢診斷。

飯店規劃、建設到開業的五大步驟

對飯店顧問而言，飯店規劃，是一項取長補短的工程，是透過規劃，使一個並不十全十美的飯店建設，儘量達到或接近上邊的「四個先決條件」的過程。

它也應該是飯店規劃的目標。這個目標，包括三個大的階段，即初步規劃階段、規劃調查研究階段、規劃實施階段，並按五大步驟緊密推進：

1．組建開發團隊。

2．規劃調查研究。

3．基本規劃。

4．規劃的實施。

5．試營業。

以下，就這五大步驟中的一些關鍵點，分別說明。

組建開發團隊

開發團隊至少應包括四方面力量：

1．飯店業主。

2．營運商。具有飯店經營資格的個人（團隊）或企業，如飯店管理集團、飯店管理專業團隊或組織等。

3．管理者。負責飯店日常運作管理的專業人士。

4．飯店設計者。可以是專業的設計公司或工作室，也可以是個人。

這四方面缺乏任何一方，作為開發團隊都將是不完全的，也必然為後續工作留下諸多隱患。

市場調查研究

透過對市場背景資料的收集，重點把握未來區域規劃的走向、市場客源狀況、項目區位優劣勢的綜合評價等，至少應包括：

1 · 目標市場的支付能力如何？

2 · 客房住宿市場鎖定怎樣的客源層次？

3 · 區域遊客的流動線路如何？

4 · 當地住宿客人的需求是什麼？

5 · 他們的消費能力怎樣？

6 · 宴會市場調查結果如何？

7 · 區域居民外出用餐習慣怎樣？消費能力如何？

8 · 同業競爭狀況如何？

9 · 區域市場的特點是什麼？

10 · 區域未來的開發建設規劃怎樣？

經營策略調查研究

在市場調查研究的基礎上，收集外部和內部的政策訊息，制定未來的經營方針，具體包括：

1 · 經營模式。

2 · 投資總額。

3 · 回收期間。

4 · 飯店等級（星級）。

5 · 目標市場客源及其層次。

飯店環境評估、基本條件設定與預算

在市場調查研究與定位、確定營運政策的基礎上，對周邊環境、既有條件、地理狀況等細節進行調查研究，如：

1‧地理位置。

2‧交通狀況。

3‧社會環境、勞動就業動態、地方文化等。

4‧經營環境。

5‧建築用地的條件：地質條件、坡道及其紅線限制、日照與光影、容積率、相關法規、氣候狀況、各種法定手續等。

再對既定的客源、政府、業主、員工四方需求做出預測與分析，確定飯店規模與產品構成，如：

6‧飯店建築物的外觀設計如何？

7‧飯店結構的設想如何？

8‧設施規模多大？

9‧客房規模、客房數、接待能力怎樣？

10‧餐飲規模如何？

11‧最大建築面積是多少？

12‧有沒有製作監理合約？

再後，是進行第一次投資回報分析：

13‧根據標準數值進行一般性測算。

14‧設定最大投資額。

15‧作初步預算。

經由以上工作，充分檢討該項目成立的可行性。如果開發團隊無法達成共識，則應回到調查研究階段，重新規劃。

飯店主要功能規劃的九個要點

1 · 飯店建築的外觀形象與設計理念。

2 · 客房品質。客房是飯店的核心產品，它不過關，一切都將受影響。

3 · 硬體品質。因為硬體配置本身就反映出投資商或營運商乃至經營管理者的態度。此外，規範、流程等的設計也與此緊密相關，它們也一樣構成了對消費者的基本態度。

4 · 設施規模，如層數、面積等。

5 · 樓層面積。

6 · 客房種類及其組合。

7 · 單位客房面積。

8 · 附屬設施的規模、種類及其組合。

9 · 各功能區的劃分及其面積比例。

結合以上九項具體規劃，重新評估預算案，探討既定方針的可行性，並落實投資規模。

如果在第一次預算評估中發現「不合適」的狀況，應當機立斷調整主要功能規劃，以避免後續工作出現被動。

營運規劃九要點

1 · 組織架構，定崗定編。

2 · 各級員工錄用標準。

3 · 員工分配計劃。

4 · 培訓計劃。

5 · 服務流程設計。

6 · 業務委託（對外承包）範圍。

7 · 經營業務管理體系。

8 · 行政管理體系。

9 · 選單設計。

基本設計圖

1 · 平面、立面、標高圖，明確人、車、貨、垃圾四項流程的安排，主體結構框架、機械動力系統配置、水電系統設計、消防系統設計，施工計劃等等。

2 · 以保障主要經營部門工作效率為出發點，落實規劃，如辦公室位置、距離，是否因為流程太長而影響效率，或是否相鄰部門配置不合理，等等。

3 · 標準客房模型設計，包括平立面、家具與設施等詳細配置。

4 · 確定客房、公共區域、管理區域面積的分配。

5 · 確定櫃臺的位置。

6‧模範客房的細節推敲。

7‧內裝修、外裝修設計要點的推敲。要注意裝修資料的選擇。不可過分相信電腦效果圖，而要透過實地放樣或製作模範間，來看實際效果。

8‧後臺部門的空間規劃，特別是貨品、垃圾進出通道設計。

9‧員工工作區規劃，重點落實消防設施安置等，並進行分區成本試算。

產品規劃要與飯店的基本設計思路吻合

產品規劃和飯店基本設計要充分吻合才有意義。

產品規劃包括硬體、軟體兩部分。硬體部分要解決內部功能區域配置的問題，如餐廳、客房、洗衣房等；軟體部分則要解決收支平衡點、營運模式等問題。

飯店基本設計的工作，首先還不是單純的圖紙作業，而是充分消化產品規劃的意圖，反覆分析、評估其可行性之後，才著手繪圖。

出圖之後，還要再回到會議桌前，重新研討、判定飯店產品規劃的最終可行性，即判定產品規劃與飯店設計兩個環節是否完全契合。

如果發生不契合的情況，即內部功能、市場定位與投資回報預算三者不能取得平衡時，則應返回軟體、硬體規劃的階段，進行調整。

如果問題集中在收支不平時，則應返回市場調查研究階段，重新進行營運方針、政策的調整。

如此反覆，直至飯店基本設計圖獲得通過。

然後，完善水、電、照明等專業設計，出圖。

進行裝修設計，出圖。

正式設計圖及其相關手續

1・設計概要與文件列表。

2・平面、立面、剖面設計圖。

3・建築物各分區詳圖。

4・結構圖與造價單。

5・水電、空調、網路、電梯、衛生、廚房設備等各專業設計圖。

6・客房裝修、家具、備品、燈具、藝術擺件或掛件等專業設計圖。

7・大廳、通道、餐廳、宴會廳、會議室等各部專業燈具、用品用具、裝飾品（藝術擺件或掛件等）、廚房設施設備規劃詳圖。

8・各類標示牌、看板設計圖。

9・內外園林造景、牆體、停車場等區域設計圖。

10・各設計者之間的思路溝通、進度協調、預算調整記錄。

11・工程合約的準備、推敲及其施工方式立案。

12・與開工許可相關的各種手續。

13・與飯店建築項目相關的許可。

14・與飯店營業相關的許可。

15・建築期間的對外宣傳、公示資料與圖案。

工程合約的前前後後

1・詳細評估施工預算。

2・徵集施工承建方。

3・發標書。

4・審定施工資格，並核准施工方。

5・簽訂合約，並進行施工準備。

綜合預算報告「四書」

初步預算案通過後，要整合成綜合預算，包括：

1・投資計畫書，包括建設費、設施設備費、開業費等等。

2・融資計畫書。

3・收支平衡報告書，內含收入預測、住房率、房價、支出預測、費用率、成本率等。

4・經營指標分析書。

終審預算五要點

1・整體收支平衡的最後調整方案。

2・投資額的最後調整方案。

3・批准執行預算。

4・通過融資方案。

5・啟動開業費用管理程序。

從規劃實施到試營業的五個要點

1．在基本設計獲得通過後，編制施工計畫書，包括簽署施工合約，進行開工申請等。

2．編制開業計畫書，落實綜合營運規劃。

3．啟動綜合預算管理機制，圍繞硬體、軟體兩個層面的規劃，發布工程預算細案，並細化收支計畫書等。

如果此階段發現預計結果不理想者，則要對該設計進行再次研討，或對經營設想作重新調整。

注意，如果設計過程中出現反覆的成本是1元錢，那麼，實施過程中需要修改的成本則可能達100元、1,000元，甚至10,000元。

4．進入現場管理階段。

首先應瞭解施工合約的所有細節。此間的要點有三個：確保施工資金的調度；各類作業批文的申請與審批，使項目的每一個步驟都合法；實施規範的工程監理。

其次，是局部乃至主體工程的驗收與交工。

再次，是營運規劃的全面推進。

5．交結於飯店的開業典禮，並開始試營業。

監理、啟動飯店營運到竣工的六個流程

進入施工階段之後的一個重要工作，是監理。此間，要編制施工監理計畫書，並按計劃實施工程監理。

同期，營運計劃也開始實施，並具體做好以下四項工作：

1．組建營業部門。

2．展開工作。包括市場宣傳企劃、產品包裝、廣告設計、宣傳單頁、前期營銷、預訂房、訂餐等。

3．招工與培訓。

4．開業採購招標。

這四項工作要與竣工時間緊密銜接。

飯店竣工後的交接環節，應把握好兩點：

1．協助、配合政府職能部門（第三方）的檢查、驗收。

2．內部檢查、驗收。

開業準備的六項基本計劃

1．開業促銷計劃

一般由市場企劃及銷售部牽線，大廳、客房、餐飲、財務等部門配合，市場委員會確定促銷方案，總經理批准。

2．員工培訓計劃

一般由培訓及人力資源部牽線，各部門經理配合。

3．開業採購計劃

一般由採購及財務部牽線，各使用部門經理配合。

4．經營運作規範

一般由各經營部門經理組織部門專業人員設計，市場委員會確定，總經理批准。

5·行政事務處理規範

一般由總經理室、財務、人力資源等各行政部門經理組織設計，總經理辦公會議通過，總經理批准。

6·服務流程與職位職責

各部門經理、職位主管牽線，組織專業員工共同編制，並集體討論通過。

開業準備的八件大事

1·員工分配。

2·服務操演訓練。

3·廚房設備試運。

4·家具、備品、裝飾品進場並進行有效配置。

5·試用及飯店綜合設備微調。

6·編制開業方案。

7·與政府有關部門通力合作，確認相關手續。

8·做好創辦費的管理。

第五章 飯店硬體

一、飯店規模、面積與結構

飯店規模與分區面積比例

在認真研究潛在的、現實的兩種需求之後，我們便可以決定飯店建築的規模了。

飯店規模的核心是客房數。中等城市飯店的客房數，有50間、100間、200間、300間、500間、1,000間、2,000間等選擇，大城市的則可以確定為300間、500間、1,000間等。這也是目前國際上較普遍的客房數劃分。

飯店規模的計算，就是以此為基礎的。

　　每間客房面積的確定也需慎加考慮。將每間客房面積與客房數相乘，再加上約30%的客房附帶面積，便是飯店客房區的面積。這30%的約數，指的是客房之外的公共空間及設備空間面積，如大廳、通道、洗手間、商場、健身房等公共部分面積。

　　它們加上宴會廳、餐廳等餐飲設施面積，再加上飯店後臺空間，如從業人員休息與就餐的場所、設備管理室、辦公室等後勤部門的面積，便是飯店總面積。

　　這裡需要特別強調的是，客房區與餐飲設施區（含公共區域）之間面積比例的確定，因為它決定著未來有效經營的狀況。

　　這個比例的確定，沒有一個現成的標準，飯店顧問要結合飯店的地理條件、服務等級、經營方針、市場狀況等因素，進行專項的可行性分析，以確定出收支平衡點。顯然，收入比例也會因區域面積的不同而不同。在日本，城市飯店的營業收入比例大體為客房、餐飲、宴會各占1/3，對客房之外的期望值較大。美國則不然，一般是客房占1/2，其他部門占1/2。中國不同地區的狀況千差萬別，不少地方甚至出現餐飲收入超過客房收入的情況。

　　總之，飯店建築是一個為客人提供空間與服務的設施。因此，任何專業的飯店顧問，包括設計師們，都必須搞清規模、性質、等級與客房、餐飲營業區域設計之間的關係，否則，設計將是失敗的：要麼中看不中用，要麼中用不中看，都會影響經營成績。

　　規劃顧問，是現實的、潛在的需求的發現者，也必須成為需求的激發者與創造者。

地理條件與飯店性質

飯店建設對地理條件具有極強的依賴性。

比如，我們為飯店定性，是住宿中心型？餐飲中心型？還是購物中心型？都取決於地理條件。而這個性質的確定，又將直接影響飯店的主要收入來自哪個部門——根據這個部門占據的有效經營面積而定。比如設定客房收入與餐飲（含其他）收入之比為3：7、4：6或5：5，都是在圍繞地理條件進行綜合考察之後加以預測的。飯店的總體經營定位，也將由此決定。

地點靠近繁華街區且交通條件好、停車場充足者，可能住宿之外的其他收入會超過客房，因此，要強化餐飲、宴會、商場以及其他複合功能設施。多種多樣的設施引進往往會產生乘數效應，收入會成倍地增加。

而在風景區或非繁華地段的飯店，則要追求住宿功能的贏利性，同時做好餐飲的配套，以尋求更合理的收支。

關注地理條件，除地段因素外，還要考慮周邊的大型設施而引致的乘數效應。

營業面積與非營業面積

飯店客房區域的純營業面積，就是指客人持有房間鑰匙，住宿一日，可以自由使用的空間——客房。客房通道、電梯間及走廊、空調間、給水排水空間等都屬於非營業面積。

其他部位，如餐廳、酒吧、宴會廳、會議室、結婚禮堂、美容室、商場等為營業面積，大廳、樓梯、廚房、洗滌、辦公室、倉庫、機械間等為非營業面積。

在進行實際設計時，營業面積比例保持在總面積的50%左右，較為妥當。不過，一些主題飯店，如會議飯店、娛樂飯店等另當別

論。擁有停車場、室內游泳池等占地面積特別大的設施的飯店，也可另行考慮確定營業面積的比重。

客房區域面積

純客房（包括浴室）的面積、數量的大小，要根據市場需求來確定。這個需求，可以透過常規的市場調查來判斷，並不複雜。當然，還要參照區域市場的一般生活標準、飯店定性、市場定位、裝修風格、總面積、投資及其回報預算等因素。

但純客房面積的總和，應不低於飯店客房區面積（包括通道、樓梯、準備間等）總和的65%～70%。

比如，40m^{2}的客房300間，則純客房區面積為12,000m^2，則純客房面積應為7800m^2～8400m^2。

不過如果從景觀和特殊地理條件上考慮，改為單面通道或其他非常規設計時，比例可有所突破，但總的原則仍然是要圍繞經營效率展開，要中看，更要中用。

餐飲區域面積

餐飲服務是任何飯店都不可或缺的內容。飯店之所以為飯店，其最基本的功能就是為客人提供「吃」與「住」。宴會廳、婚禮禮堂、出租商場等，都是後來附加的「新時代產物」。

但今天，這些附加功能的贏利能力越來越強，內容也越來越豐富，從大眾性的咖啡廳，到專門性很強的風味館，從靜吧到熱鬧的迪斯可舞廳，多種多樣。於是，這又涉及到經營氣氛營造與面積把握之間的平衡問題。

一般而言，從三星級到五星級乃至白金五星級飯店，如能確保餐飲設施之每席位均占1.5m^2～3.0m^2（廚房面積等除外），將令客人舒適，感覺飯店有等級，而經營者對餐飲區域的安全保障也將更為有力，且在收支上比較平穩。

飯店咖啡廳是必要的，對其面積的需求，應根據飯店客房的規模來確定，一般以150～200席左右較容易體現等級和營造經營氛圍，客人也會倍感舒適在這個範圍裡最佳，飯店方也比較容易營運。

中、西餐高級餐廳，一般以100席左右為宜。這個規模，最適合飯店方的管理，也最適宜服務人員提供優質、高效服務。

在一般商務或旅遊飯店，客房面積與餐廳面積在經營、服務上的關係非常緊密，但它們跟宴會廳的大小沒有直接關聯。會議或展覽主題飯店相反，應充分考慮客房數、餐廳席位數、宴會廳席位數三者之間的關係。

當然，這些數字只供參考，不是唯一的標準。例如，大部分飯店宴會廳的設計都採取「多功能」模式，即可分可合，可大可小，以在承接市場活動中左右逢源。當然，這更是因為宴會廳利用者的目的越來越多樣化。但一般而言，宴會廳每席均占1.6m^2～1.8m^2（不含廚房、化妝室、音響控制室等輔助空間）為宜。

關於宴會廳與廚房等的比例，一般以1：1為宜。很多城市都有由政府衛生防疫部門頒布的廚房設施標準，飯店顧問可以參考。

「其他營業空間」與「非營業空間」

「其他營業空間」，指飯店住宿、餐飲等主營業務之外的商場、健身中心、會議廳、婚禮設施、劇場、娛樂室、展覽廳、畫

廊、運動設施、游泳池等空間。它們都是飯店的重要收入來源。

　　「非營業空間」，是指為保障飯店有效營運而規劃出的用於準備工作的空間。比如，相對於餐廳的廚房，相對於客房的洗滌、準備間，以及諸如辦公室、從業人員休息室、餐廳、機械室等區域。

　　「非營業空間」其相對飯店總體面積的比例，可大體如下：

　　1．客用設施，如大廳、電梯、洗手間等　　18%～23%

　　2．客房管事、洗滌、準備間等　　　　　　3%～5%

　　3．廚房、採購、食品倉庫、冷藏室等　　　4%～7%

　　4．管理部門、辦公室等　　　　　　　　　3%～5%

　　5．員工餐廳、休息室、更衣室等　　　　　3%～5%

　　6．設備層、機械間、工作室、儲水槽等　　8%～12%

　　當然，這些比例是以綜合性的飯店為基準的，以客房為中心的飯店類型及以宴會為中心的飯店，可在此基礎上作調整。

設施面積與經營收支的平衡模型（個案示例）

　　某飯店有300間客房，總使用面積24,000m^2（不含停車場、戶外運動設施等），則其相關設施功能的空間分配如下：

　　1．營業空間

　　合計12,000m^2，其中

　　客房：28m^2×300間，合計8400m^2，占總營業面積的70%。

　　餐飲：餐廳3個，酒吧2個，合計1200m^2，占總營業面積的10%。

宴會：宴會廳、多功能廳1500m^2，約占總營業面積的13%。

其他：商場、健身房、游泳池等900m^2，占總營業面積的7.5%。

2．非營業空間

合計12,000m^2，其中

大廳、通道、洗手間等4800m^2，洗滌、準備、倉庫等960m^2，廚房、食品庫、餐具間等1440m^2，辦公室、經理室、總機室1200m^2，更衣室、員工餐廳、休息室等2400m^2，機械間、工作室、控制室等1200m^2。

3．飯店日平均收入預測

客房：560元×300間×0.75（開房率）=126,000元，占總收入的36%。

零售餐點：80元×600席×2.5（翻桌率）=12,000元，占總收入的34%。

宴會：200元×880席×0.5（翻桌率）=88,000元，占總收入的25%。

其他：20元×900m^2=18,000元，占總收入的5%。

以上合計244,000元。

二、大廳等公共區域規劃

飯店的「門面」

大廳等公共空間，由大門至客房、餐廳，即使外部人也可以自

由出入。它是飯店最早迎入和最後送出客人的重要空間，也是進出飯店的所有人士的起居聚散之核心地，所以，是飯店的「門面」。

大廳的規模與風格，在《飯店星級評定標準》中有一些具體的數量描述，可以參考，而飯店顧問應把握的總原則，是保障大廳等公共空間與經營空間之間取得平衡，不至於讓客人在進入大廳與客房時產生過大的心理反差。因為大廳絕非單純的一通而過的場所，而是客人感覺氣氛的場所，感覺飯店所提供的服務品質、安全管理狀況的綜合場所。所以，客人的滿意將由此開始，他們的不滿也將在此發洩。

飯店顧問，必須對此有清醒的認識！

大廳風格

飯店大廳風格千差萬別，但主要功能不會改變。

對大廳的風格給出建議，應成為飯店顧問作公共區域規劃的主要業務。

大廳，可以小一些，但線條、色彩、燈光、材質須表現出穩實；大廳也可以很大，但應給人一種拔地而起的震撼。有的大廳可以像是外部通道的延續，內外合一；有的則要注意隱蔽。

世界著名設計大師波特曼設計的飯店大廳，常常會給人留下廣闊的空間感。其精神源流，在紐約的聖特拉爾斯飯店以及萊特大師設計的哥本哈根美術館中都能看到。

同時，大廳還應讓人感受到時代的脈動。日本帝國飯店（舊館）的設計者是萊特大師，該飯店大廳採取了自然採光的方式，令人神清氣爽。美國紐奧良希爾頓飯店的大廳、洛杉磯的老辦公樓等也如此，都跟城市功能的變化與社會思想緊密關聯。

未來的飯店大廳，應在追求現代式「拔然」與「豁朗」的同時，注重穩重、堂皇，因為那裡將蘊涵著綿綿的氣勢，使整個空間，既令人心情愉悅，又不乏安全感，既體現出健康向上的格調，又能獲得一種家庭居室的溫馨。

與其他公共空間「連動」

大廳屬於「客用非營業場所」，跟餐廳、宴會廳等營業場所的通道、休息區等共同構成公共空間，因此，如何充實這個空間的服務，將成為決定飯店服務品味、等級、品質的重要因素，要引起飯店顧問的高度重視。

在有限的空間中，我們可以在休息場所提供「軟性飲料」服務，或設茶桌，還可以將宴會廳外的過堂設計為「小廳」，與宴會廳一道發揮作用。換言之，公共空間的設置，不應成為中看中不用的擺設。

大廳咖啡廳提供「音樂服務」也是常見的，或利用晚上較空閒的時間搞服裝展示、表演等類的活動，也不失明智之舉。

而且，這種考慮的現實意義，會越來越強。因為大廳等公共空間可以供客人自由出入，所以，有條件透過增設一些服務項目而使公共空間成為「訊息中心」。

大廳的「基本功用」

無論我們怎樣鼓勵大廳設計中淋漓盡致地發揮創意，但對大廳基本功用的精益求精的算計，卻不能有絲毫的忽略。

特別要注意團體客人行李集中放置的「臨時場所」，必須與總

體結構、氣氛相稱，不可給人以「收不攏」、「溢出」的感覺。

此外，行李流程，即行李房→行李梯→大廳之間，不宜出現臺階，以使行李車順利通行。

大廳與客用電梯之間的人性化配合，既為客人創造一種受保護的安全感，同時，又不會令客人產生過分受監視的感受。當然，飯店顧問不可低估這條「路線」的價值，因為這條「路線」構成了飯店訊息「中樞」，成為把握大廳人員進出，進而控制全飯店各種功能運作的「中樞」。

至於公共空間的其他設施，如傘架、寄存處等，一般都應考慮「地方特色」，而不必「一刀切」。

三、客房設計原則

客房的重要性

飯店本來的功能就是「住宿」，即提供客房服務為飯店存在的本源價值。這是飯店原來的「本分」所在。故此，如何使之商品化，即成為飯店業主與飯店顧問要考慮的最重要課題。

隨著旅遊活動的活躍，如「黃金週」自駕遊、週末家庭休閒遊、團體長途旅行、長時間渡假遊等。因不同的旅遊動機、旅遊類型，客人對飯店的需求也越來越多樣化，由此使得飯店業主對客房設計的要求越來越高。

當然，我們不可以忽視飯店宴會、零售餐點、酒水等諸方面的活躍與收入，但也不能忽略飯店「區域共同體」內的社會專門餐飲業的迅速發展。它們在規模、等級、專業度、經營靈活度方面形成強烈的競爭優勢，加上政府稅收管理政策的日趨完善，使得連同飯

店餐廳在內餐飲業整體的利潤空間，越來越有限。這個狀況，反過來，更提高了飯店業主與經營管理者對客房的期望值。

客房設計的主導思想，也隨之發生改變：從經濟化的縮小客房面積、徹底效率化、合理化，到舒適化的大床、大浴室、家具充實、配置美觀。

這個變化還在繼續，但模式大抵不離「經濟化」與「舒適化」，是為根本。至於追求豪華的「奢侈化」，追求小利的「客棧式」等，難成主流。

客房面積變化的大體傾向

以日本、韓國、香港、臺灣等地為主的亞洲飯店業的發展，大體經歷了這樣四個時期：

1·客棧、旅館、官驛初創期。

2·豪華、貴族飯店發展期。

3·中、小型商旅飯店普及期。

4·豪華商旅以至「經濟型」飯店的多樣化發展期。

第一與第二個時期，單人間平均面積為15m^2～25m^2，雙人間為20m^2～40m^2。進入第三個時期，客房面積更加縮小，利用空間更加追求合理化，單人間為10m^2～15m^2，雙人間為13m^2～20m^2。第四個時期的單人間為13m^2～20m^2，雙人間為20m^2～30m^2，漸漸呈現出向第一、第二個時期接近的傾向。

中國大陸飯店業發展迅速，未免浮躁，早期與上述規律相近。進入21世紀以來，總體趨勢開始追求「大房間」，「經濟型」飯店的客房面積一般不低於20m^2，「豪華型」飯店客房面積更超過

$45m^2$。當然，作為飯店顧問，不能簡單跟風，而要理性、綜合地分析飯店的地理條件、定位定性、等級、市場需求等，來確定飯店客房面積。

當然，最關鍵的要素還是投資回報率，要從回報預期出發，回推投資額，再因地制宜地確定最合適的客房面積。

飯店客房層的「有效比例」

飯店客房層又稱作「基準層」，指設有客房的樓層，一般為飯店主體層。城市飯店的「有效比例」——總經營面積與收益空間面積之比，應保障在50%上下，並以此為基本原則，編制預算或進行設計。

那麼，客房層應占面積多少才合適呢？城市飯店面積應占40%～50%。當然，如果有超大停車場或超大商場，這個比例將不同，也可以將這些主題設施的面積排除在外。

不過，在飯店顧問而言，如何提高客房層的「有效比例」，才是最關鍵的。這個比例，當然是指客房等收益空間的面積與過道、樓梯、柱體等非收益空間面積之間的比例。平均而言，收益空間面積應確保在70%左右才有利。

客房層設計的留意點

在進行客房層初期設計過程中，首先要考慮用地環境自身的條件，還要考慮相關政策、法規方面的條件，從平面和立面兩個角度推進決策。

1．一般層高以3m～3.3m為標準。當然，由於特殊限制，也

可低於3m，但要儘量保持3m標準。

2．飯店的造型多種多樣，但基本模式以中間階梯和單側階梯兩種為代表。中間階梯較之單側階梯，一般會更有效率，所以，成為主流。這種效率，也會因客房的門面規模和進深大小的不同而有所不同，這便要參照飯店的設計等級來確定了。一般人感覺房間規模的落眼點是床與浴室外壁之間的比例，床的長度一旦超過浴室外壁的長幅，便會給人一種受擠的感覺，影響空間有效性。

3．客房布置的類型很多，有單人床間、大床間、雙床間、套間、連通間、總統套房等。標準間，指大床或雙人床間，其他類房間可以根據需要，在標準間的基礎上，加以重新組合、配置。所以，在設計過程中，必須以標準間為核心。

4．決定每一樓層的客房數，要考慮從事客房清掃及開床工作的客房服務員能力（一般情況，以10～20間/人為標準），每層以30～45間為宜。

5．在進行平面設計時，經濟的適度分配、雙方避難用樓梯通道的位置、客房的噪聲、電梯的位置與防止振動設施的安排、煙道系統與隔熱設施的安排、有效的設備柱身位置、浴室排水防滲水、外窗防風雨等是此中的關鍵。

6．低層區域的公共空間（非客房層）是要確保的，所以，客房層的設計，必須注意大廳穹頂與客房之間的位置關係。

7．考慮節能。比如客房通風、換氣管，過去一直使用的縱向貫通法，現在漸漸被水平貫通法取代，這在防火防災方面十分有效，同時，工程設備費用也可以相應減少。

8．現代化的「傻瓜」設計概念，要引起飯店顧問的高度重視：多軌的網路線、一鍵式服務設施、足夠的電源插孔與連線、高性能的無線網路、方便的電燈與電視開關等等。

四、餐飲設施設計

「體驗」經濟：在飯店消費的不只是菜點，還有環境

對飯店設計師與飯店顧問而言，餐廳、酒吧等餐飲設施的設計，是一個充滿豐富想像力的課題。它要表現出餐飲服務功能的豐富性及對複雜設施的可控性，要體現出現場造型的多種可能性，要反映出空間與人、社會生活之間相得益彰的關係。

吃與喝這一人類本能的需求，要在這裡獲得充分滿足，僅此一點，就足以令人多費思索了。而飯店的吃與喝，更要帶上情調，即要透過整體服務，提供一個不同於一般吃與喝的「享受體驗」，讓客人覺得：花35元在飯店餐廳、酒吧喝可口可樂是值得的，而在街頭小店喝可口可樂，只需花費2.5元。

餐廳、酒吧的面積

餐飲設施，主要包括咖啡廳、主餐廳或專門餐廳、風味館、酒吧、自助餐廳、酒廊等。大型宴會、會議設施、婚禮設施另論。

飯店餐飲設施的席位數及其面積，不取決於飯店住宿客人的數量，當然，住宿客人會在此中發揮不可低估的作用，但我們更應從更廣的「區域共同體」的視角來分析，再結合飯店的市場定位、地理條件、營業政策等，確定餐廳、酒吧的定位，進而決定餐廳、酒吧等設施的有效比例。

注意，任何飯店的餐飲設施，一定要由「區域共同體」的消費者「養活」。作為一般性標準，餐飲設施面積應不低於總營業面積

的10%。

在進行具體設計時，我們一方面要追求最大的面積效力，一方面又要創造出一種寬鬆和豪華的感覺。二者幾乎同樣重要，下面的面積標準與席位比例，將有助於實現這個目標：

咖啡廳　$1.5m^2 \sim 2.0m^2$/席

西餐廳　$2.0m^2 \sim 2.5m^2$/席

中餐廳　$2.0m^2 \sim 3.0m^2$/席

日餐廳　$2.2m^2 \sim 2.8m^2$/席

酒　吧　$1.8m^2 \sim 2.5m^2$/席

燈光照度

在對餐廳、酒吧等進行室內裝修設計時，關鍵在於照明設計。

餐廳、酒吧的光度設計絕非依一般的光度計算，便可以對其有效狀態加以把握，因為這還要涉及地面資料、牆壁的資料、品質與色彩，家具等室內用品的密度、空間的大小等多種因素。

此外，光的質與量也會因設計位置的不同而造成室內環境的差異。換言之，餐廳、酒吧等所需要的安全感、豪華感、愉快感、親切感，都要透過照明加以反映。

在室內設計階段，照明設計的一般標準，可以參考以下數字：

咖啡廳的光度　　　　300lx ~ 400lx

酒吧、休息室光度　　100lx

餐廳餐桌光度　　　　200lx

吧臺光度　　　　　　　200lx～300lx

餐廳噪聲

在設計諮詢中，還要留意到噪聲問題。

由於中西餐特點的不同，對噪聲控制的要求也不一樣。中餐並不十分講究這些，而西餐則十分講究。美國的餐飲設施標準噪聲設定為45dB～50dB。他們認為此範圍內的分貝聲響才會令人放鬆。

但實際上，餐具的碰撞聲響、人們之間的談話、起立及落座時發出的噪聲，都會很輕易地超過此限度。所以，設計者們為了控制噪聲，必須十分注意以地板資料為主的內裝修用料、家具的設計與選擇。

廚房出口的設計也應關注。

近年來，客位現場烹調表演等方法被很多高級餐廳引進，烹飪設施的設計，也應成為餐廳設計的重要組成部分。

咖啡廳

咖啡廳的經營，應以150～200席位為宜，一旦超過150人的規模，便會在服務上出現各種問題。比如，為應對服務流程長度和桌數的增加，就要考慮在客桌之間加設服務臺，作為擺桌及撤臺等臨時的接轉站或上咖啡、上茶的中轉站。

桌席設計要保障靈活性，1～2人零散客席至6～8人的團體客席，都需隨時保障。我們可以較多地配置60cm×75cm左右的雙人桌，然後，根據客人的多少，加以自由組合，這種方式用的越來越多。

當然，四人桌也比較普遍，六人桌、八人桌更能給人一種豪華感覺，令人愉快。

最適合的比例，為每服務臺對應25～30位客人。

西餐廳

西餐多以「肉食」為主，餐具為刀、叉、杯等。西餐廳要求的是豪華、高檔的服務氣氛，因此，要在設計上注意三點：

1．與酒吧臺服務巧妙地組合起來，供人們在正式就餐之前的等待時間裡享受服務。

2．當餐廳內不能提供諸如調酒、烤等現場演示時，應考慮餐車服務，這就要對服務流程寬幅進行強化，以保障這種服務氣氛的體現。

3．為保障大多數就餐客人都享受到一些具有表演性的服務項目，如花式調酒等，可以在廳內空間布局和地板設計上創造出某種變化，以方便大多數餐位客人欣賞表演性服務項目。

中餐廳

中餐與西餐不同，它以「雜食」為主，所以，要讓所有客人感覺並享受到菜餚的多姿多彩、變化以及熱烈的氣氛，這應成為飯店中餐廳設計的重點。

以零售客人為主的中餐廳設計，應特別注意適於8～12人用餐的圓餐桌及其環境氛圍的創造，這類群體是中餐零售的消費主體。

此外，還有四人席、六人席的搭配。

直徑1800mm的圓桌較適於8～12人使用。

單間的需求量也日漸增加，這要跟菜單的設計相配合，一般由菜餚的性質決定。

12人圓桌的占地面積，大體以15m^2～16m^{2}為宜。

日、韓餐廳

傳統上，日、韓餐廳比較講究席地而坐，現在多為改良後的低於中式餐桌的方形寬座，並以此營造一種親切感。服務生應屈就低處，便形成了一種特別安詳、周到而細緻的服務氛圍。對中國人來說，這樣做未免壓抑，所以，要進行適當的改良。但在高檔餐廳，倒不妨保留這個氛圍。

現在，在一般的飯店豪華餐廳裡，「生鮮」依然是主角，但「天婦羅」、「壽司」等也開始在正式場合占據一個檯面，餐桌甚至能附設火源，可供吃火鍋或燒烤了，所以，6～8個「榻榻米」的單間常常最受客人歡迎。

鐵板燒也很流行，不過，它的缺點是使其他菜餚遭「串味兒」，所以，在設計上，要注意首先使其在視覺上有所區分。所以，日韓料理的宣傳冊子，通常要附設精美的圖片，道理在此。

內裝修

餐廳、酒吧的內裝修設計多種多樣，有的體現時代特徵，有的注重中國古典的韻味，有的具有西歐風格，有的具有中西合璧的特色，而最根本的，是要瞄準飯店的營業觀念與管理政策，以取得與建築風格相和諧的氣氛。

誠然，餐廳、酒吧的裝潢設計，與新潮的流行趨勢分不開，所以，要注意吸納一些更新穎的設計形式。

顏色的選擇，必須在領會了設計師的主導思想之後再確定。現下，色彩的鮮明度、豐富度越高，組合構圖越簡單，越為年輕人所喜好；相反，色彩組合複雜，色調沉穩者，則常受中老年客人青睞。飯店顧問要充分注意不同年齡段客人的心理傾向。

當然，對色彩的好惡，又是隨社會、文化狀況的變化而不斷改變的。所以，在對色彩的選擇上，要抓住今日，抓住今日令人愉快、令人產生美感的東西。這是一條原則。

五、宴會廳設計

宴會廳的「多功能」化

宴會廳不是單以舉行宴會為絕對對象的場所，而泛指提供宴會、會議、展覽等服務的場所，但其基本功用是提供餐飲，所以，取名宴會廳。

近年來，城市飯店的宴會廳使用率極高，如各種慶典宴會、商品展覽會，各種發布會、國際會議及各種活動等。社會需要宴會廳具有滿足「所有用途」的多種功能，這也是宴會廳常常被多功能化的緣由所在。為此，在進行宴會廳設計時，必須注意六項指標的安排：

1.宴會廳的規模。

2.展覽客戶攜帶的商品，包括大型器具如何進入宴會廳。

3.在同一時間內，準確而迅速地提供大量菜餚的服務方法。

4 · 多功能設備。

5 · 大量客人同時分流的管理。

6 · 大型停車場及其管理。

配置計劃

在飯店整體規劃中，宴會廳的配置將因飯店種類不同而不同，但一般而言，它的面積可能僅次於客房。有時，在300間規模的飯店中，宴會廳常常在其經營指導方針允許的前提下，設定為800m^{2}或1000m^2。這比較經濟。當然，因其平面配置方法不同，對飯店外形會造成一些影響，儘管如此，我們依然堅持以經營合理性為依據進行配置，就是說，不應該盲目地給定面積，然後在給定的面積裡去被動配置，那會影響將來的經營。

不僅宴會廳，停車配套等設施也需要大面積空地。這樣，必然導致設計難以在地面層上實施，要麼入地下層，要麼上二、三層，這時，便更要注意通往宴會廳的客人流程處理、自動樓梯的配置等。

宴會廳的規模，與飯店的市場定位、性質、營運方針等緊密相關，並在很大程度上取決於此。所以，這些原則要先定下來，在原則明確的前提下，再確定宴會廳的面積。

一般配置設計中，每席位面積標準都應至少維持在1.6m^2～1.8m^2。

在宴會廳與包廂群的統一的配置設計中，要關注到兩者之間的連帶關係：宴會廳、休息區、包廂要充分組合起來才比較合理，因為廚房共用更有利於減少經營運作成本，而單純宴會大廳配置的方式，壯觀、專業自不待言，卻會有利用率不足之虞，除非是會議或

展覽主題飯店，否則建議慎之。

　　當然，在實際配置中，我們還會遇到更多意想不到的情況，但作為總的目標原則，要把握一個觀念：圍繞未來經營的合理性，落實細節規劃，爭取以有限的空間，實現最大效益。

服務部門

　　宴會服務與零售部門有很大的不同，它要保障同時間、迅速提供大量的餐食、菜餚，並要保持統一的規範，而不是與一桌、兩桌做個性化的對應。所以，後臺的設計要成為整個宴會廳設計的關鍵。

　　怎樣保障宴會廚房向宴會廳出菜當冷必冷，當熱必熱？怎樣保障服務生們能在客人用完一道菜後迅速同時撤下，再同時上下一道？這些都是後臺設計要注意的事項。如有可能，廚房或備餐間的排列，應為「沿岸」型（長條式），並將服務出入門分為上菜和下菜兩口，下菜口內側緊接洗碗區，洗碗設備要請專業公司設計，應充分，以保障對大量餐具進行同時、迅速的清洗、消毒及放置。

　　如果因條件限制無法在同一區域設置廚房或安置足夠的設備，則有必要使用保溫車、冷凍車。大部分飯店都採用這種方法，先將菜食推入宴會廳備餐間，然後安排出菜。備餐間要設有多功能電源插座，並應至少確保寬3m～4m的活動空間。電源線由天井垂下，以自由、靈活地使用。

宴會廳的空調系統

　　宴會廳的空調系統是必不可少的，要注意出風口的位置及出風的均衡性，以避免某個區位很冷，而其他地方較熱，更要避免冷凝

水的出現。

宴會、會議等多功能照明

宴會廳的照明設備規劃要注意到四種功能：

1．講壇——如宴會致辭、會議發言人的位置的照明要與大廳的其他區域有所區分，照明角度、照明開關等都要單獨設計，講壇的高低也要確定好，並要根據演講者身高進行照射角度的調整，或設置講臺腳墊。這些細節不應在交付使用後再設計，而應是總設計的一環。

2．舞臺或主席臺，要明確標準面積的大小，如12m^{2}或24m^2，然後根據標準面積配置照明。有些時候，還要設計兩種或三種照明方案，以適應宴會廳不同的用途。

凡有舞臺或主席臺的地方，一般都要考慮設置背景板的位置，甚至要考慮到掛條幅的位置，以及如何布置背景、掛條幅等。任何細節設計的不精細，都會給未來的經營造成長期麻煩。

3．展覽分區，應考慮臨時添加照明的需要，為此要設計足夠的地面插座，插座要分電視、網路兩種類型。

4．會議照明的要求更加特殊，如考慮到講壇與背景使用投影儀時的照明處理：既不可全廳過於明亮，以致無法看清投影，又要保障大廳的照度能夠滿足與會者，來寫字、看資料文件的要求。

照明是內裝修的一個重要內容，但多功能廳不同於其他。

當然，還有天井照明系統的設計：有的要照射菜餚，有的要照射主賓，要根據具體用途加以個別探討。

照度的可調節性也十分重要，應根據場合的不同，由宴會廳進

行自動或手動調節。

其他多功能設備

1．同聲傳譯設備、音響設備等會議專用品，也是必要的。不過，從趨勢和實用角度而言，現在，人們更喜歡使用組合式或便攜式的，依需要加以配置。

2．在宴會廳內，安置各種隔板配軌或配管，以實現其多功能的目的是最經濟的做法，如將一個宴會廳分隔成兩到三個部分。這裡要特別注意的是可移動式隔板的隔音性能。如果條件允許，設置雙重隔板為宜，且相距至少要保證在1m以上，才可保障隔音效果良好。

當然，還要照顧到天井內、地板的隔音措施，可以加設隔音壁來實現隔音。

3．如果要提供燒烤服務，還要加設排氣系統。可以利用壁面加設排氣管道，與燒烤臺連接。

4．宴會廳的照明系統往往十分複雜，地面設置的電器配線、插座等壓需要統一管理，所以，有必要在可以觀察會場全景的地方，設置控制室。此外，在對宴會廳加以劃分間隔後，如何仍能保障這種控制的有效性，即成為設計要點。

當然，在中小宴會廳，一般不需要配置控制室，可利用壁面的一部分，採用可控式配電盤，置入燈光調節設備、音響調節器、盒式錄音機、放大擴音器等，在活動進行過程中，進行直接控制。

5．大型展覽會等場合，往往要運進大量大型貨品。如果是汽車展覽會，還要保證汽車直接開入會場，故此，當宴會廳與飯店的一層或停車場相鄰接時，會比較方便，若設在二、三層，便應考慮

物品運送的方法。

　　國外的設施中十分注意宴會廳與停車場相鄰接。有時，為了能夠同時舉辦農業機械等展覽，停車場的天井高度、空調位置等都採取了相應的措施。這也值得我們嘗試。

裝修的其他要點

　　1．中小宴會廳要注重自身主題性的表現，以求匠心獨具的效果，給客人以「特別」、「得體」的印象。

　　2．大宴會廳，則要注意利用方式的多樣性。

　　3．色彩、構圖、裝修資料的選擇，要考慮到飯店的等級、定位。

　　4．牆飾儘量簡單，裝飾畫也不宜過多，應符合飯店的文化特質。

六、飯店其他設施的規劃

「城市產業」的概念呼之欲出

　　就飯店設計而言，我們不可忽視以下四點社會生活變化趨勢：

　　1．社會的物質水準提高，人們要有效地利用餘暇時間，來豐富自己的生活。

　　2．生活的西化傾向更不可忽視。

　　3．對健康的關注，更會隨人口的不斷減少而加倍強烈起來。

4．在滿足基本的衣、食、住需求之外，人們對社交的需求越來越強烈。

要準確地把握這些傾向，適應消費者的需求，是今後飯店建設、改造的基本課題。

因此說，雖然在一般意義上講，客房、餐飲零售、宴會仍是飯店營運的三大支柱，不過，目前的變化表明，人們對文化交流、社交、訊息溝通等方面的需求越來越強烈，並日益多樣化，這就給飯店建設提出了「與區域社會聯繫更緊密」的要求。

這幾乎是一個全球性的趨勢。

另一方面，經營者為加強客人管理，減少建設投資，保證收入的穩定性，也將積極引進各種附加價值高的設施設備，以充實功能，獲得吸引客人的乘數效應。

也就是說，飯店本身正在實現「城市化」，即不斷增加「城市功能」更多地加以消化。也正因為此，未來的飯店將成為「城中之城」、「城外之城」、「海濱之城」等等。飯店業的發展本身，也將迅速從現在的「住宿加餐飲」模式中走出，轉向「城市產業」的模式。

飯店「城市產業」化的四個方向

飯店與城市生活的關係會越來越緊密，這是很多飯店經營管理者的共識。飯店已不再僅僅是旅行者的住宿地，它還將同時成為「區域共同體」或社區的訊息集散地，區域居民也將更多地利用飯店設施。

這種變化，也自然推動著飯店經營思想的改變，乃至飯店管理者在經營政策上的主動應對，包括積極引進各種城市設施，滿足客

人的需求。

當然，作為招徠客人的一種手段，這也將是非常有效的。

那麼，飯店設施與城市功能之間的關聯性，表現在哪幾個方面呢？

1・飯店的生活功能日益強化

客房、各類餐廳、商場、結婚禮堂、美容中心、醫療診所、郵局、兒童樂園、網咖、現金自動支付系統等，方便客人及區域居民生活的設施、場所越來越多。

2・飯店越來越關注客人及區域居民追求休閒、健康的需求

健身俱樂部、桑拿、游泳池、網球場、乒乓球、遊戲機中心等，應有盡有，而每一項服務，飯店都在極力表現出休閒傾向，以求能給客人帶來更具親和力的「體驗」。

3・飯店越來越追求文化氛圍

文化講座、餐飲講座、小劇場、畫廊等，成為飯店設計重點乃至經營必不可缺的項目。

4・飯店商務功能與時俱進

租借辦公室、提供商務中心服務、網路服務、通信設施出租，使飯店的商務功能更加豐富。

未來的婚禮禮堂設計

在飯店舉行婚禮被很多人認為是一種生活時尚，婚宴是城市飯店一塊重要的市場。雖然目前的婚宴還主要集中在「婚禮宴會混合模式」上，但未來的婚宴，將可能考慮到婚禮與宴會分開舉行，因此，大型飯店必須關注以下配套設施的設計，以引導消費：

1. 中式婚禮禮堂，同時可以布置成教堂式。

2. 攝影室。

3. 美容室。

4. 換裝室。

5. 服裝租借中心。

6. 親屬休息室。

7. 宴會廳。

8. 物品寄存處。

攝影間與婚禮禮堂要相鄰，平面設計上要注意考慮流程的合理性，以保障新人們出入方便。同時，還要從營造氣氛的角度，進行進深、寬幅、天井高度的規劃。

至於與宴會廳之間的位置安排，當然能同處一層最好，但若設計上不允許，設於上一層或下一層也可以。

宴會廳的選擇，可以根據出席者人數而定。

飯店內的「購物街」

飯店與「購物街」巧妙地融合到一起的情形，已越來越普遍。各個飯店的購物街內容，因飯店的市場定位、性質、地理條件、規模不同而各具特色，但總起來說，其目的都在於透過招徠客源以獲得乘數效應。

飯店高檔商品在滿足客人購物需求以及在為住宿客人提供便利方面的作用，已沒有任何爭議。做飯店規劃設計時，要考慮以下幾點：

1‧為住宿客人著想，確定適合他們的商品，而非盲目地跟風。如景區飯店要配置土產品店，城市飯店則少不了高檔服飾、珠寶等。這在裝修設計時就要認真考慮，而不能等「交工」之後再讓飯店方「根據實際情況」規劃，或至少若干主要店面應事先做好裝修，以便飯店方招商。

2‧每個購物屋或購物「街區」要保留適當的公共空間，要配置座椅，以與飯店購物區這一特殊場所相符。

3‧各店舖設計要統一於飯店主基調，在此基礎上去創造個性魅力。因為這裡不同於一般的購物商場，是「飯店內的購物世界」。

4‧注意商舖相互之間或與飯店內的其他經營部門不發生原則衝突，如要努力避免因商場銷售酒水、飲料、咖啡等，而造成與餐廳產品的競爭關係。但如果購物空間足夠大，包括一些小食店或咖啡店，反而有助於強化購物意趣。

健康中心

「健康產業」的概念早已在飯店裡紮根，而且，對客人越來越重要。從完整的意義上講，健康中心的內容十分廣泛，但以下幾點，卻是應該高度關注的：

1‧在條件允許的前提下，設專職保健醫師，將成為高檔飯店服務的一個重要項目。

2‧注意創造一種休閒氣氛。因為飯店健康中心沒有如醫療場所般那麼明確的「目的」，所以，無論在設施選擇還是空間裝修上，都應傳達出休閒訊息。

3‧無論設不設保健醫師，都要對健身設施功能與服務內容，

做出明確的說明，安全標示更要清清楚楚。

4．飯店健康中心的設計，會因飯店的市場定位、等級、規模不同而不同，但一般應包括健身器材區、桑拿浴室、按摩室等。運動設施在條件許可的情況下，可以利用低層屋頂的空間加設網球場，利用較小的空間加設乒乓球室等。

游泳池是健康中心不可缺少的組成部分。至於選擇設置在室內還是室外，應根據空間大小、經營政策及構造規劃來確定。

圍繞「中心廣場」

如果說，飯店大廳是城市的「中心廣場」，那麼，飯店的餐廳、商場、酒吧、宴會廳、運動設施、郵局等，即是滿足這個「城市市民」多樣需求的「繁華商業街」、「特色街道」等。它們一一發揮著諸種城市功能的作用。因此，一切規劃都應以「中心廣場」為核心展開。這是我們裝修設計必須把握的一個「線索」。

只有把握好這個「線索」，飯店才可能真正地提供一個令人愉快的環境，創造出友好的氣氛，為每一位客人創造美好的「體驗」。

以上所介紹的，僅僅是較有代表性的一部分，其他設施還有很多，並且會越來越多樣化，飯店應因地制宜地規劃。

七、服務保障區域規劃

節省人力、節省能源

隨著飯店業管理的日漸成熟，一方面，「飯店人」的職業標準

越來越高，人事費用也相對增加。另一方面，近來，大部分地區都出現了人手不足的現象。

飯店是出售服務的，倘若我們為節省成本減少人手卻影響了服務品質，便得不償失了。那麼，我們如何節省人力、能源？

節省人力和節省能源一樣，都是飯店設計必須要考慮的事情。既要節省人力與能源，又不能降低服務品質，怎麼辦？哪些部門可以實現人力節省，哪些部門不可以？實現自動化效果怎樣？能否縮短服務流程？這些都是進行服務區域具體設計時必須慎重考慮的問題。

然而，大部分飯店設計人員在這方面是「門外漢」，有時也不屑於關注這類細節，認為那是「飯店自己的事」。正是這種前情不予理會的做法，常常造成後續經營的極大被動。有鑑於此，飯店顧問應對此承擔起責任，發揮好顧問智囊的作用。

客房保障設施規劃的幾個留意點

客房部最基本的作用是保障客房經常處於良好狀態。故客人退房時，要迅速進行清掃，更換、補充房內準備及洗漱用具，同時，檢查室內備品及各類設施，避免出現任何故障隱患，確保客房整理出來即可出售。

此時，還要迅速同大廳部聯繫。

雖然有行業規則，但實際上，客人入住、離店並沒有一個準確、固定的時間。為了明確客房狀態，還要引進房控顯示系統，配合電話系統做好與大廳部的聯絡工作。

各服務樓層的服務流程、與服務電梯的銜接、服務車、準備架與準備房、清潔用品用具、工作間規劃等所有細節，都要在設計中

加以規範。比如，各樓層都要從客房中心領取準備、香皂、衛生紙等，怎樣走最方便？樓道要鋪設什麼類型的地毯，耐壓準備車的標準重量設計為幾公斤？服務車要經過幾個轉角？每個轉角的牆紙防護如何處理？等等。

以上事項看似微不足道，卻會影響日後的客房部工作效率。為此，飯店顧問對此不可掉以輕心。

PA（清潔）室

飯店清潔組是負責飯店各公共區域衛生、清潔的職位，飯店需設置PA室，保管專用的清潔器具，吸塵、吸水、地面磨洗設備，以及各種藥劑等。

準備洗滌與三類保管室

準備洗滌是飯店一項大量而重要的工作，從節省能源角度出發，很多飯店不再設洗滌部，而將床單、毛巾、桌布等準備以及員工工服委託給外部專門洗滌店，但內部仍要設置較小規模的設備，以為客人提供快洗、臨時熨燙服務之用。

無論是自己的洗滌部，還是外包出去，內部的準備保管室都是必要的。保管室分三大類：

1・客房用品，如毛巾、被單、床單、浴衣等的保管區域。要便於客房服務人員領取、回收、打包、運出。

2・客衣保管區。注意設計驗收臺，客衣的細節要填單並與客人確認。

3・員工制服保管區。一般設在員工通道出入口處，便於員工

領取、回收。

三類區域的保管功能接近，但管理辦法略有不同。

大廳保障規劃的幾個留意點

這裡要展開客房銷售、預訂工作，要提供總機、電子鑰匙製作或機械鑰匙的發放保管、留言傳達、傳真與電子郵件接收、配置網路平臺等服務，還要製作長住客名單、保留客人檔案等，由此大廳成為飯店對客服務的「第一訊息中心」。

這個定位，必須有相應的「工具」——前臺控制系統，才能有效實現。因此，大廳部的規劃者，應有充分的「工具」專業知識與服務意識。

結帳手續的簡化是飯店和客人共同追求的，還包括外幣兌換、貴重物品寄存等業務。大部飯店都透過收銀網路系統，實現前臺收銀與餐廳、商場等各收銀點的連結，凡經客人簽字的所有有效帳單，都能透過系統實現瞬間記帳。電話也有自動計費系統。

但我們要關注的是這些系統的合理配置，包括檢修點（通道）、維修點、各節點與控制中心的距離、安全狀態等等。

大廳副理（客戶關係主任）

大廳的直接服務者是行李生和大廳副理（或客戶關係主任，簡稱「GRO」）。行李生要負責客人行李的寄存、出租車服務、引領登記、引領客人進房等，所以，服務臺不宜距前臺太遠，背後應設有行李號碼放區域或行李房。

大廳副理桌應設在大廳最顯眼而又不阻擋客人視線與行動路線

的位置上，桌面應大而豪華，以體現飯店對客我關係的重視。

廚房進貨保障

儘管每家飯店有採購供應部，但就餐飲管理而言，從原資料的採購、儲藏到向各營業點發放物料，都由採購部控制。此部門區域的規劃設計要考慮與載貨卡車卸貨的配套設施，包括卸貨平臺，對原資料進行計量、檢查的空間，按原資料不同種類而分出不同溫度的儲存庫等等。

貨品由卸貨區到一般的常溫倉庫及冷藏庫、冷凍庫，多用手推車運送，所以，地面設計要平坦且可以水洗，能承受重物。

另外，還有與廚房之間的服務通道設計，也要留出搬運車通行的必要空間。服務電梯也一樣。

廚房布局自不待言，進貨口、食品庫、粗加工房、備餐間等的設計，也對其後的工作效率、人員配備、服務品質等產生極大影響，故設計時應列出場地名稱、範圍清單，然後走訪專業人士或考察既有設施現場，再進行判斷。原則上，前期設計的思想若不能與後期經營的思想吻合，不僅設計會漏洞百出，後續的經營、管理乃至服務品質都將出現瑕疵。

每一個有責任心的飯店顧問、設計師，都應高度重視空間布局與日後經營效果之間的關係。

菜系、菜單設計影響廚房設備選擇

餐廳的數量、組織架構，宴會廳的數量及其規模、供餐種類，客房用膳菜單、酒類、飲品服務項目等，在設計時都應通盤考慮，

特別是主題宴會與主題零售餐點菜系、菜單的設計，會在很大程度上影響廚房與服務設備的選擇，比如是否需要設旋轉式烤爐，以便同時將100隻烤雞加工出來？是否要設燻烤爐，以便加工「自家秘製燻肉」？等等。這些，都不能在一切設計好了之後再定。

在西餐方面也一樣。

圍繞主廚房的區域配合要點

大規模廚房的魚肉蔬菜粗加工、糖料加工、麵包、冰淇淋等的製作，只要可能，都應集中在主廚房加工或至少製成半成品、獨特食品，然後，再在各餐廳的分廚房加工成成品。

注意，同一時間提供批量菜品服務，是一門重要技術，技術的核心是要保證當熱必熱，當冷必冷。這也是餐飲服務品質的核心。因此，充足而實用的設備，就成為絕對的必要，如將中央廚房烹製好的菜餚運出的冷凍車或保溫車。此區域設計要保證運輸通道的空間，還要設計出合理實用的車用電源接線系統。

此外，飯店主廚房的管理，要講究並必須保障「中央集權」，即主廚房是核心，故其選址、與供貨區、粗加工區、服務電梯之間的聯繫，必須考慮周全。如果有分散的廚房，則它們與主廚房之間的互補性也要明確，以作為一個完整的系統發揮作用，提供優質餐飲服務。

垃圾處理

飯店垃圾出量非常大。廚房垃圾、包裝箱、空瓶、空罐等，有必要加以分類，於是，需要設置專門整理空間、存放空間，加設不同的垃圾箱。對易腐爛的垃圾，還要準備暫時冷藏保管庫、瓶罐的

清洗場等。同時，還要保障垃圾車出入便利。

易汙染的場所，必須留出足夠的空間，否則，會對其他區域造成惡劣影響。

有些飯店尚沒有意識到這點，但從環境保護的角度看，這是一個必然趨勢。

人員配置比例

飯店的人員配置計劃，因飯店類型、規模、市場定位、性質等的不同而可大可小。而其中最容易被忽略的一點，是這個比例，在相當大程度上取決於前期硬體規劃，而不是後期經營。

關於這個比例，一般而言，高級飯店為1間客房配1人或1人以上為宜，不過，只要飯店客房數、餐廳數、餐飲席位數、會場席位數搭配合理，我們還可以降低這個比例：

高檔飯店（間）　　1（間）：0.9（人）

中檔案飯店（間）　1（間）：0.8（人）或1（間）：0.7（人）

一般飯店（間）　　1（間）：0.5（人）

不過，在很多飯店，搭配不合理的情況比比皆是，如餐飲或娛樂主題飯店，餐飲或娛樂席位可能超過1000位，而客房只有100～200間，後者就只能定位為配套，為小馬拉大車，則不能按常規的飯店人員配置比例來計算，而應扣除服務於主題項目的人員數量（即這部分人員應予單列），才具可比性。

也由於這個理由（或理由之一），部分飯店將主題項目承包出去或單列計算，以確保各項目經營效益的最大化。

營業區域與保障區域的關係

為保障飯店營業區域獲取最大收入而提供後勤保障區域，即非營業區域。這個區域空間的大小，在相當大程度上影響了營業區域的服務品質，故此，應予絕對保障。現在，很多飯店投資商、經營者都存在一個思想失誤：客用區要好，自用區可以隨意。這是非常短視和錯誤的。試想，如果你希望一個母親生出一個健康、活潑可愛的孩子，首先應照顧誰呢？是母親。

「母親」是後勤保障業務的象徵，「孩子」是我們的對客服務品質。

服務電梯與輔助梯

飯店服務流程設計，應以服務電梯為中心展開。這條流程，即服務保障體系的主線。忽略這個上下運轉的流程軸心，則任何關於服務運轉整體安排的設計，都將不完美，甚至失敗。

服務電梯的數量，要與客房數或用餐服務量成正比。飯店員工專用梯要與客梯完全分離。

還有些餐廳或客房設置專用的傳菜梯、垃圾梯，具輔助服務價值，但不在此列。

員工通道

員工服務通道應單獨設計，不可與貨品通道、垃圾通道相交。這個通道的出入口，應集中到一點。當然，內部的其他服務出口或用於避難的非常出口，可根據規範設若干個，並必須保障防災中央監視中心可以對各服務出口加以控制。

員工通道的出入口，要設打卡機、警衛室，以對進出人員進行例行檢查。對這個出入口的管理，是飯店管理的關鍵點之一，一是警備功能，二是對一般員工、臨時工、出入的銷售人員以及攜入攜出物品進行檢查。大部分飯店自設保安部門負責此部分工作，也有一部分飯店僱用警衛保安公司的人來做。透過這個關口的服務，既可以保障飯店客人的安全，防止盜竊事故發生，又能保證員工的安全。

很大程度上講，員工通道所反映的是一個飯店的員工管理機制，與飯店信譽、規範、人性、安全意識等，緊密相關。

員工生活區與培訓教室

出入口內側可按性別設男女更衣室、休息室、寄包處、淋浴間、衛生間等，並由專人管理。員工餐廳也應儘量安排在這個範圍內。員工餐廳所用原資料的進出、保管，應與客用部分隔離，以避免各營業性廚房的食品流失，造成管理漏洞。

員工餐廳，有時也可以兼用為員工工間休息區，配置飲用水、小販賣部等。因為一般飯店都禁止員工在工作場所喝水、吃零食，在員工餐廳可以。還有一些懷孕員工需要加餐，也可以在這裡得到服務。

也應考慮員工吸菸區，最好在內外空氣流通的地方，並做好環境布置，以避免吸菸員工產生被歧視感。

此外，還要在這個區域內設置新員工面試室、培訓教室、閱覽室、活動室、健身房等。

在大中型飯店，培訓教室應設100人左右大教室1間，以集中授課，另應設15m² ~ 30m²小教室3 ~ 5間，以便對員工進行分組

指導培訓。畢竟，每一期新員工的人數都不會很多，用小教室培訓更有效果。同時，要避免過多的集中授課，效果大都不好。至於全飯店的員工活動，可以利用客用設施，如宴會廳或會議室等來安排。

此外，飯店各部門的培訓也應儘量安排在大小培訓教室。

這些設施應跟倉庫等一起，由飯店的後勤部門統一管理起來，以發揮最大效用，並供人力資源部及各相關部門使用。

要注意，這部分設施的管理規範程度、清潔程度、布置氛圍、等級等，將直接影響員工，尤其是新員工的成長。員工生活區是體現飯店文化的一個重要窗口。

對客服務部門辦公室

對客服務部門，指的是向飯店直接消費者提供服務的經營各單位。它們的辦公地點，包括大廳部辦公室、預訂處、客房部辦公室、餐飲部辦公室、宴會營銷與預訂處、營銷部辦公室、公關部辦公室等。這些辦公場所，均宜接近櫃臺、大廳以及餐廳、宴會廳等一線服務部位。營銷部、宴會銷售與預訂處等各職位責任都非常重大，除了辦公，還應在辦公室之外另設接待室。比如說，宴會銷售與預訂處的接待室位置宜靠近宴會廳，並應確保客人在公共區域內可容易地找到相應標示，方便客人看會場、訂菜餚、簽協議。所以，這類接待空間，與其說是辦公室的一部分，毋寧說是經營場所的延伸，因此，在內裝修上，必須注意體現出這種功能定位。

行政部門辦公室

行政部門指的是面對內部員工（內部客人）提供支持保障服務

的部門，包括總經理室、秘書室（或總經理辦公室）、總經理接待室、財會部辦公室、採購供應部辦公室、總務部辦公室、人力資源部辦公室、培訓部辦公室、工會辦公室等。

這些部門可以儘量靠近服務現場，但如果條件不具備也不必強求。對它們的規劃設計應注意兩個原則：

1．不妨礙客人流程。

2．不妨礙員工服務流程。

再有，財務部辦公室之外要設置其延伸到各部門的收銀點，以確保各營業點的現金收結工作服務及時、準確到位、安全入庫，故金庫的安排要做萬全的準備。

飯店「一級庫」及部門「二級庫」系統

有些飯店分設「一級庫」與「二級庫」，也有些規模在200間客房左右的小型飯店只設「一級庫」。「一級庫」即飯店總庫，按最低庫存標準保管飯店經營運作所需各類物資。「二級庫」為部門庫，從屬於總庫，根據日用需要，從總庫領取庫存品。也有一些飯店因總庫面積不足，而設「二級庫」或「三級庫」來分擔壓力。

「一級庫」至少應包含以下專區：

1．工程備件、配件區。

2．客房客用品區。

3．清潔用品、用具區。

4．防颱風（或水害、火災）用品區。

5．印刷品區。

6·酒水區。

7·廚房用品區。

8·冷凍、冷藏品區。

9·裝修備品、資料區。

10·餐廳餐具區。

11·糧油、調料區。

12·臨時貨品、物品儲存、周轉區。

「二級庫」或「三級庫」主要包括餐飲口的海鮮庫（池）、高檔原資料庫、一般餐具庫、高檔餐具庫、乾貨庫、調料庫、凍庫、酒水庫、準備庫等；房口的準備間、客衣間、工服間、洗漱用品間等；工程口的備品庫、易燃易爆品儲藏室等；人力資源、財務口的資料室、檔案室、單據室等等。

機電設備控制室

機電設備控制室簡稱電控室，內部可以細分出變電室、配電室、蓄電室、發電室等空間。這些空間設計都有相應的國家、地方或行業操作標準，應嚴格執行。

這些空間要特別注意防水。在設計上，必須認真檢查地面配水溝道的結構以及牆壁下部的排水設施狀況，以保證迅速排掉滲水和浸入水。蓄電室的地面宜用耐酸性的資料。發電室在非常狀態之下啟用，其動力機械基本為柴油機或燃氣輪。無論是哪種動力機械，都要採取充分的防噪聲、防振動措施。再有，地面配線溝的設計也應引起注意。

鍋爐室

鍋爐室所占空間比較大，分為供水鍋爐和供暖鍋爐兩類，其所使用的能源分三大類：

1 · 煤或煤氣、天然氣。

2 · 柴油。

3 · 電。

目前國家提倡或強制執行的是電能源鍋爐。無論何種鍋爐類型，水管、水泵的連接都要注意有效性、安全性。如果是前兩類能源鍋爐，更不要忘記煙道設計的科學性。

鍋爐室的地面排水結構也要十分用心。因為是大型設備，所以，需要加設基座。同時，大門的設計要留夠空間，以備更換設備部件或設備本身進出。

空調室

空調室包括冷凍機室、空調設備中心等。往往因製冷或制暖方式要求的不同，而對設備有不同的選擇。但無論何種選擇，都要注意隔音和防震設計。

這類職位的職責是確保飯店自開業時起，即每天24小時、年年不斷地連續運轉，因此，飯店必須建立維護—保養—維修—檢查—管理體系。同時，還要制訂應急預案，一旦發生事故，飯店要迅速啟動應急措施恢復工作。

當然，建設規劃時，還必須要考慮節省能源的問題，因為這個部位常常是飯店的主要耗電中心。

設備維護、保養與維修、製作中心

1．機電設備維護保養、製作中心

在大型飯店，該中心負責管道、廚具等金屬器件的維護保養及新品製作，應車、鉗、鉚、焊，樣樣俱全，因此，車間的用電安全、照明、空氣流通、防火設施等的安排，要有系統的規劃。

2．木器維護保養、製作中心

桌椅、櫃臺等木器的維護保養及製作中心，則要預留相當大的空間，在設計上要滿足安全、通風等要求。

3．弱電設備維護保養中心

對電腦、電話、電視、對講機等進行維護保養，一般都要在恆溫製冷環境下操作，應注意對室內空間「獨立、封閉」的保障。

中央監控室與防災中心

監控系統與防災中心具有聯動性，由安全部或者工程部負責管理。

1．監控中心

包括遍布飯店每一個公共角落的閉路監控器的監視中心、應急廣播、煤氣報警、漏電保護設施等。

2．警衛內外勤值班室、工程值班室

二者可以同時用作安全保障部與工程部的辦公室。基於現代飯店的安全工作越來越依賴於科技進步，「技防」（借助自動化設備等實施的技術防範）含量越來越高的實際情況，有些飯店將工程部與安全部合二為一，成為「工程與安全保障部」，這不失為明智之舉。

3．設備運轉狀況監控器、空調系統溫控狀況監控器、門禁系統監控器等等

這些自動化設備大都要求在恆溫狀態下工作，故作飯店硬體規劃設計時務必要注意合理的空間面積與空調調解的有效性。

美工製作室

飯店每推出新的服務項目，都要進行宣傳，因此，隸屬於公關企劃部門的工作室——美工製作室，即成為必要。美工製作室負責加工各種營業訊息立牌、歡迎標語、會議或宴會背景板報、泡沫雕塑、聖誕餅屋等。通常情況下，工作室應分內外兩部分，內部空間是美工人員作設計的場所，而外部則用於噴漆、刷塗料及電燒，故外部空間要保障空氣流動暢通，以避免化學氣味傷害身體。

插花中心

越來越多的飯店將店內的「綠擺」（綠色植物擺放）委託給專業公司操作，但很多時候，臨時的花卉布置，如餐廳插花、客房配花或店內園林、辦公室花草等的維護，還需要飯店獨立操作，故應有專門的空間——插花中心。

如果需要花草樹木養護，還要設置蔭棚、除草器具存放處等空間。

停車場

停車空間大小對飯店經營狀況有比較大的影響，尤其隨著飯店「區域共同體」功能的強化，停車是否便利成為本城市客人選擇飯店的衡量因素之一。一般，我們可以分類規劃出停車區、管理處等：

1·市內客用停車區。

2·市外客用停車區。

3·員工、內部工作車停車區。

4·員工自行車存放區。

5·內部交通（如電瓶車等）停車區。

6·車輛安全管理室。

7·洗車服務區。

八、結構與設施設備的設置

從飯店結構設計開始追求精細

飯店建築的特殊之處，在於它必須適應未來使用者的精細化管理，所以，從結構設計到裝修設計，都要服從於經營中的精細化管理的總要求。

在設計初期，設計師或飯店顧問就必須在頭腦中有這種意識：

如何在現在的平面設計方案中體現未來的管理精細？

要將這個意識，落實到結構設計當中。就如同勾畫一位仕女，體態的妙曼，必在於骨骼一樣。

客房面積的搭配（建築柱樁的配置）

凡商業建築都有一個共同點，即規模一般都很大，所以，其成本和工期，即成為設計以及管理上的要點。飯店建築設計，我們首先應關注飯店客房面積與整體結構之間的搭配。

不同的搭配方式，決定了一定空間中的客房面積的大小。一般而言，可以分為三種類型：

1・A式：1室1適度

柱樁安排標示是1室1適度。一般較容易確定。缺點是難以應對客房結構變化的要求，尤其在低層部分，往往需要更多的支撐柱，給平面設計的靈活性增加了難度。涉及到套間安排，難度就更大一些。

2・B式：2（3）室1適度

B式設計，可以滿足大房間有一定寬度的門面的要求，但在高層建築中，會出現適度太大的問題。

3・C式：2室1適度

是雙床間與單床間的搭配，而這又必然受到二者比例的限制，也會給日後的客房分配銷售帶來麻煩。

另外，客房方面可能提出的面積要求（用樁配置）又往往與飯店停車場面積要求相制約，都需設計者、飯店顧問多費腦筋思量。

客房與餐廳、宴會廳之間的關係

從建築結構上看，飯店建築中的客房與宴會廳的關係，同一般辦公大樓中的辦公室部分與會議室部分之間的關係一樣，都是在經

濟原則的前提下，以均等適度的多層結構與大適度的單層結構相組合而成的。

　　飯店建築結構大體以「塔形」和「梯形」來表現。

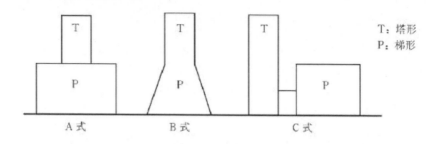

A式　　　　　　　B式　　　　　　　C式

T：塔形
P：梯形

　　A式組合分上下兩部分，是比較典型和常見的。B式組合是使A式的兩部分合二為一的設計。C式組合則考慮將兩者分離，從而保障「塔」的低層部分充分為客房等設施所利用。如果需要較大的宴會廳，則B式設計便不可能，因為「塔」的下部不能充分利用，只好歸於A式的普通型。

　　但A式在結構上也有特殊性，即「塔」部的立柱與耐力壁直接落座於「梯」部之上，往往對平面設計提出更嚴格的要求。故此，在考慮設計的新穎程度時，可以選擇C式。

　　當然，三種類型的選擇還要取決於地質狀況與地表條件。

要不要設地下層

　　一般要設地下層，但設多大面積，則要以地基支持層的深度為決策基準。之所以要設地下層，還因為我們必須考慮三個特別因素：

　　1．飯店除機電設備室之外，還有其他部門設施，如停車場、倉庫等，這些不對外的場所，可以利用地下層。

2．地上底層用於餐飲等綜合性經營比較合理，故沒有更多的空間安排上述設施、設備。

3．建築整體造型的需要。

因此，儘管地下層建設會增加施工成本，甚至可能造成工期延長，但我以為，這是必要的「犧牲」。

建設期規劃應圍繞「成本與工期」做足文章

飯店建設期間管理的過程，實際上，就是一場與貸款利息作戰的過程。所以，保證如約完成施工或縮短工期，便成為一個十分實際的主題。不過，飯店建設行業目前通常流行的觀念是「延期是正常的，超預算也是正常的」，其實很危險。

工期的長短取決於前期設計，其中影響最大的是建築結構模式的選擇，當然，也包括建設過程中的管理。

業主、施工方、監理方三者的協調合作，是其中關鍵。當然，飯店顧問作為監理方助手的介入，也非常必要，因為他們更懂得飯店未來的需要，尤其能在施工方與監理方發生衝突時，為業主決策提供獨自立場的參考意見。

一般情況下，我們將在期間面臨很多選擇。顧問要將各選擇方案的利弊向業主明確陳述。反過來說，如果顧問僅向業主提供一種選擇，或許是非常不正常、不專業的。

飯店設施、設備規劃應關注七個問題

1．必須保證飯店設施設備24小時運轉，而此間，照度、溫濕度等外部條件，將發生變化，要有具體的應對措施。

2．必須保障飯店設施設備全年365天營業，故不應假設有「專門時間」來實施停機檢修、維護或更換。因此，必須考慮到一旦發生意外，有沒有替代設備？或要採取什麼措施解決問題？即使不發生意外，也要考慮日常維護應如何保障，以令設備「延年益壽」？

大部分人認為這是「後邊」的那些經營者的問題。絕對錯誤！這首先不該是經營者的問題，而是設計者、建設者的問題。如果說有問題，也將是設計者、建設者遺留下來的問題。

當然，問題到最後還是要由經營者來解決，但這種怪想法，也正是我們的飯店業進步不大的一個根本原因：缺乏專業基礎。

3．飯店是龐然大物，所以，要駕馭這樣一個體系，必須有一個體系化的思維方式，而不能盲人摸象般斷章取義地做。飯店顧問應在此間穿針引線，發揮引導作用，以確保設計者在體系化的思路統領下，進行設施設備的規劃。這，也正是一個飯店項目的圖紙、資料可能「裝滿一間10m²屋子」的緣由所在。

4．要保障飯店各項設施能適應不定數量客人同時使用，包括應對滿員，甚至是超負荷運作的壓力。

5．飯店業者，為強調對營業面積的絕對有效的利用，可能刻意擠壓設備空間，從而造成後續經營工作的被動。飯店顧問對此要有思想準備，要從飯店經營的專業角度說服業主保證有效的設備空間分配。

6．業主從收支平衡角度考慮，會對建設成本提出要求，這會招致設備生產廠家之間的競爭，進而導致設備品質的降低。對此，飯店顧問從職業道德要求出發，要給業主合理建議。

7．在飯店後續日常經營支出總額之中，相對固定的水電能耗比例往往最大，所以，必須注意引進節能省力技術，採取相應的措

施，並與實際需求取得平衡。

瞭解了這些，我們便會在進行設施設備的具體設計時，抓住要點，把握好方向。

高度關注細節（1）：以空調設施規劃為例

飯店設施設備規劃成敗的關鍵，除了上述的方向，還要看細節。對於未來的經營者而言，細節決定一切。因此，飯店顧問要在這方面下足夠的功夫。

比如空調系統規劃，即應在製冷制熱之外，至少把握以下八個與經營相關的要點：

1．在一般建築設計中，電控室、熱源機械室都在地下，為各居室提供集中供暖或供冷服務，但飯店需分級控制，即一級設備能滿足需要時，就不用開啟二級設備，因為飯店公共設施的使用時間、利用者人數不同，冷熱需求量也不一樣。不實施系統細分，必然造成浪費、汙染甚或不能保障服務需要。

2．控制中心不必集中在地下層，因為地上低層的無窗空間很多，而且，通風管道通過地面還有利於防災。

3．不能因考慮費用就忽略一些常識。如在中國大部分地區，飯店進入秋冬或春夏換季時節，客房可能需要暖氣，但餐廳卻需要冷氣，而會議室可能需要隨時調節冷熱，因此，必須有四管回水功能的配置才合理。

4．關注這些設施的外接口對建築立面的影響，以及如何防止雨水滲入與外部噪聲的侵入。

5．機械自身產生的噪聲處理是一個大問題，即使有技術指標的安排，也要在實地進行反覆測試才行。比如在宴會廳，大型空調

排風設備在排風口區位，可能產生較大噪聲，影響宴會或會議，尤其是會議。設計時，要考慮這一點。

6·空調加濕或抽濕功能常被忽略，或簡單相信設備說明書的加濕功能描述。這首先是一個態度問題，是一個不抓細節的態度，所以，不可取。要進行實地測試。

7·注意管道「串味兒」問題，因為低層樓中的廚房排氣設計不合理或管道相通，都會造成「回味無窮」的後果。其中，隱蔽在吊頂區域內的隔牆是否到頂，並作密封處理，是一個關鍵。它不僅會造成「串味」問題，還常常是噪聲侵擾的「元兇」。

8·空調出風口的安排，不能在客人頭頂位置，要考慮到直風吹送的範圍，以免讓人避之猶恐不及。再就是要考慮到經營過程中可能出現的靈活組織空間的需求，使不同組合都能共享一個空調循環的小系統。

高度關注細節（2）：以水的處理為例

大家都認為現代水處理技術能解決任何問題，但即便如此，在現實中，也有很多項目因施工粗糙而令當初的美好願望落空。作為飯店顧問，應至少在以下二十二點上，予以高度關注：

1·室外陽臺積水。

2·屋頂樓板資料吸水，並在雨後釋放，造成霉味或淹水。

3·建築物伸縮縫漏水，汙染縫區與承重牆、柱體周邊。

4·窗縫、屋頂玻璃窗密封處理不好，浸雨水。

5·隱蔽管道冷凝水。

6·空調口冷凝水。

7．浴室、水池地面處理不佳，滲水。

8．牆體滲水，浸濕牆紙，造成霉味與黑斑。

9．浴缸或淋浴區域設計不合理，造成出水口排水不暢，或淋浴水外濺。

10．衛浴設備品質低劣，造成滴水或不出水，形成噪聲或浪費，影響用水舒適度，造成客人反感。

11．水溫不穩定，甚至可能傷害客人。

12．隱蔽工程的水管道品質不佳或設計問題，造成漏水且難以修復。

13．消防水壓力不足，造成安全隱患。

14．二次供水系統設計與施工管理不到位，造成水質汙染難以清除。

15．水壓不穩，水量忽大忽小，影響使用舒適度，破壞服務品質。

16．游泳池水處理技術不到位，影響水品質，帶來衛生隱患。

17．沒有水回收系統，造成水資源浪費。

18．廢水、汙水未經達標處理即排放，造成環境汙染。

19．地下排水系統不暢，造成安全隱患。

20．廚房排水系統設計不合理，易堵塞，造成積水，影響工作。

21．空中或地面雨水排放系統不到位，造成積水，影響客人生活與飯店運作。

22・缺乏多用途臨時用水口的設計與配置，造成後續經營困擾。

高度關注細節（3）：以火災防範設計為例

飯店防火，無疑是飯店設計中最重要的一環。這便要求設計者至少從這樣三方面對該項目加以確定：

1・能否在硬體上確保以每一客房為單位，實施防火防煙間隔處理？

2・客房自動灑水滅火裝置是否合理、有效、美觀、安全（如噴水口發生脫落可能掉到床上，或因意外壓力射出，等等）？

3・根據消防規則設計的雙向避難通路，有無殘留死角？標示設計能否確保對避難客人的正確引導？

高度關注細節（4）：以吊頂石膏條、護牆板與踢腳線等為例

吊頂石膏條的目的是為了提升客房、餐廳裝修整體的美觀，但要注意兩點：首先，是石膏條與牆體粉刷之間，可能因施工時間安排不當，乾濕度發生變化，而出現裂痕。其次，是石膏條脫落或處於半脫落狀態，可能造成危險。

護牆板的設計是為了保護牆角不被磨損或碰撞，所以是「不得已而為之」的項目，從等級上講，不應存在。但如果必要，則應講究美觀，使之具有藝術效果。

踢腳線的作用，首先是美觀，然後才是保護功能。大部分飯店選用定型產品。其實，在大型宴會廳等場所，直接延伸地毯做踢腳

線更合適。

此外，地毯的波打邊雖然美觀，卻容易在使用過程中出現斷痕，所以，大面積通道、大型會場或宴會廳反而不完全適合。

九、飯店發展方向的把握

飯店發展多樣化

飯店發展歷來遵循的原則，都不外乎兩點：

1 · 對應目標市場的具體需求。

2 · 順應區域社會的經濟、文化特性。

正是因為這兩點，才使得從豪華飯店到一般的商務旅館，各種形式、規格、等級的飯店並存。現在，飯店的形態更為多樣，並主要表現為以下三個傾向：

1 · 對應不同的客源層次，飯店的等級多樣化，包括客房大小、裝修豪華程度、公共設施（如餐廳、宴會廳等）種類等與飯店等級相對應而出現的分化。

2 · 飯店類型多樣化，如大城市型、中小城市型、旅遊地型、運動設施型、車站型、空港型等。

3 · 飯店功能與定位的多樣化，如會議飯店、商務飯店、休閒渡假飯店等。

把握了這個大框框，則能把握飯店發展的大方向。

與社區關係愈加密切

這既是一種必然趨勢，又需要我們著意引導。

飯店的任何定位，都不能脫離其所處社區這個核心點，就是說，成功的飯店，首先應該是社區的核心之一。

比如宴會廳，既可以作為一般的聚會、宴飲場所，又可以作為會場、結婚慶典的殿堂，而且，後者的需求在不斷擴大。現在，各種專項俱樂部活動、講座也都利用飯店設施。而且，除客房之外的所有飯店設施，幾乎都要依賴於社區市場的維繫，特別是餐飲、休閒、娛樂設施，如果沒有本地客人的消費，將難以發展。再比如洗衣，未來的飯店要不要自設洗衣房？當然不必。可以利用社區合格的洗衣中心。如果距離社區的洗衣中心比較遠，飯店內部只需配置一個小型客衣洗滌房即可。如果是集團飯店，大可以建設一個集中的洗衣中心，不必在每一家飯店布設洗衣房（為客人服務的小型洗滌房還是需要的）。這個中心，不僅洗滌客衣，還可以承接本區域內居民的洗衣業務。

總之，飯店要成為為社區所用的飯店，社區也應成為為飯店提供配套功能的社區。兩者應建立起和諧的關係。

從這個角度開發飯店設施功能，或拓展其市場前景，將非常有意義，特別是在城市住宅小區大規模向郊外轉移的階段，圍繞車站、大型商業設施、景區建設飯店，將具有較大潛力。

飯店要進一步適應城市人的「閒暇生活」

城市飯店乃至郊區飯店，都要認真探討如何為城市人群的夜生活、休息日提供休閒服務，以擴大飯店設施的利用率。

這些設施包括娛樂中心、餐廳、酒吧、健身房、游泳池、桑拿浴、健身房等，也包括飯店的商場、影院、廣場等。不懂得為充實人們閒暇生活而殫精竭慮的飯店，不是一個好飯店。

把握城市開發與飯店建設的關係

城市開發的根本目的，在於有效利用城市土地，特別是繁華地帶的土地，以促進區域經濟、文化氛圍的活躍。而從開發之初，即應將飯店設施作為其最重要的組織部分，納入基本計劃之中，至少應與購物中心等一併考慮，如能作為綜合大廈發揮複合功能，則將更加有效，也更有利於與社區建立密切的關係。否則，這個城市的開發，將是不完整的。

當然，這也對飯店建築設計提出了更高規格的技術和知識要求，如複雜流程的處理、防火防盜措施的規劃、多個法規的執行等等。

這應是我們把握城市開發與飯店建設關係的基本導向。

城市空間與飯店空間的關係

飯店功能複合化、立體化的傾向，已與社區居民生活、城市開發等密不可分。不過，從建築角度看，其空間的處理對城市空間的影響亦非小事，要充分注意。

比如，在2007年以前，行走在廈門的主要通道上，你能看到路的盡頭是藍天，並有一種「馬上就到海濱」的遐想。現在不然，視線常被一堵堵更高更大的建築隔斷，其中包括飯店，很不和諧，因為它透過拒絕海景（包括對海景的遐想）而破壞了城市整體的濱海特徵。

美國飯店設計大師波特曼的若干個代表作不同，它將城市功能吸收到飯店裡，再釋放出去，使之與城市融於一體，又能找到飯店功能獨有的特點，彌補城市功能的某些不足，滿足城市人的關鍵渴求。

如上海的波特曼商城飯店——保留大量空間用於購物，而使飯店成為這個社區的一分子，同時，它又確保了店外與店內空間的有機關聯：在關聯地段開闢一塊空場，納入綠樹、青草和水景，無論在室內還是室外，都賞心悅目，滿足了人們對生活品質的關鍵渴求。

第六章 飯店組織

一、飯店組織架構診斷的內容

診斷範圍

飯店的組織架構，包括飯店組織中一些比較穩定的靜態事項，如飯店的規模、各部門服務的內容、部門區域劃分方式、客房設備、服務人員配比、人員素質、職責劃分等。

這些都是影響飯店績效的重要因素，而且也多半在傳統意義上的「管理部門」的「控制」之下，因此，是組織診斷的主要事項。之所以說是診斷的主要事項，首先在於「管理部門」與「控制」兩個提法本身就有問題，「管理部門」要轉變為「支持部門」或「內部服務部門」，而「控制」，在這裡更應該是「服務」。因此，飯店顧問的第一項工作，應該是協助飯店中的每一位管理人員都能從服務出發來處理每一件事。

沒有這個前提，後續的工作將很難做。

組織架構直接影響員工行為

某飯店公關部與大廳部，在組織架構上分屬於不同部門，前者向營業總監報告，而後者直接對總經理負責，因而，在發展新客戶及探討不良服務品質成因時，公關部與大廳部的合作意願就比較低，有時，甚至發生推諉責任的現象。但飯店服務的品質的一貫性，又要求這兩個部門必須密切配合，方可順利解決問題。

後來，飯店顧問協助他們在組織架構上進行了調整，兩部門同歸營業總監管轄。這樣一來，因為同屬一位主管，兩部門人員在合作上就大有改進。

這個真實的例子，說明飯店架構如何影響了飯店組織行為。

飯店組織架構圖

在組織架構裡，最為人所熟知而且受到重視的，就是部門劃分的方式以及各部門間的從屬關係，它體現於組織架構圖。組織架構圖是飯店顧問瞭解飯店組織架構所必需的參考文件。

在研究組織架構圖時，我們要注意兩件事：

1．飯店裡的每一位成員對本飯店組織架構圖往往會有不同的理解，而上級所頒布的組織圖，有時候也並不完全被各級人員所遵從。這說明飯店內部溝通有了障礙，而且在政策執行上也不認真。

2．這個組織圖是何時頒布的？組織圖是否經常修改？有時候，飯店的組織架構修改過於頻繁，而每次修改又未能說出任何有意義的理由，造成了成員對組織的從屬關係產生混淆，工作時無所適從。

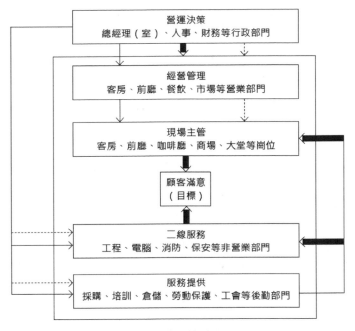

飯店組織系統概念圖

說明：——→ 計劃體系
　　　┈┈→ 執行體系
　　　━━▶ 評估體系

飯店組織系統概念圖

在此系統圖中，可以很明白地看出每一部門在計劃、執行、考核等工作上所扮演的相對角色。它的作用與說明的準確性，就比一般的飯店組織架構圖好得多了。

工作環境

1．關注服務空間的規模

規模大，固然對服務效率有利，但對員工而言，也許有些心理上的影響。例如，某飯店辦公室採用「通艙」的方式，一間大屋子

裡坐了十幾或幾十位員工，這樣做雖然有其優點，但會使員工產生自我渺小之感。許多員工表示，由於飯店太大而且人數眾多，使他們覺得與同事是「熟悉的陌生人」。雖然這僅是一種個體看法，並不是科學結論，但從一定程度上也足以證明工作空間，尤其是辦公場所規模，會對組織中的員工行為產生影響，值得飯店顧問關注。

2．關注服務空間的內部間隔

一般，飯店工作空間都按部門加以間隔。這種間隔的方式是否合理？有些部門在業務上往來非常密切，是否因為工作場所被分離得太遠，而使彼此聯繫不便？或因此而阻礙了彼此成員間「非正式組織」和私人關係的建立？在飯店運作是「中樞神經」的部門，是否在地理位置上也近於四通八達的「要衝」地點？

很多時候，距離將對人的行為產生重大影響。一位總經理原本不常到大廳或客房現場，即使進餐廳也常常侷限於開餐時間的巡視。飯店顧問發現，原因就在於總經理辦公室獨立於飯店主樓之外。後來，他們建議調整總經理辦公室的位置，調整後，員工們便經常能看到總經理的身影了。一些花園式飯店的員工走起路來可能慢慢悠悠，而筒樓式的商務飯店員工則不會這樣，是空間距離使然。

3．關注不同功能的服務空間的布局

一般而言，大型飯店（800間客房以上的飯店）往往有一處或幾處集中式辦公室群。我們應注意這些場所的分布情況如何，會不會因為地理上的遠離而造成業務上的隔閡。

此外，工作空間分布廣而彼此流動性小者，也容易造成成員心理上的「地方主義」傾向，這也值得注意。

這些現像在飯店中最常見。

4．關注飯店服務設施設備狀況

我們應觀察服務設施設備的布置及保養狀況，設備添置的種類及趨勢，並可由這些趨勢，來推測飯店服務重點的轉移。由設備的布置、功能、彈性，以及閒置的情形，也能瞭解到一些營運上的方針和問題。

5．關注員工的工作環境

如環境衛生、噪聲、照明、空氣、員工洗手間、員工餐廳以及附近的交通情況等，都會影響到員工的心理和行為。

人員素質

現有人員的素質，也是組織架構診斷的重要一環。包括員工人數、教育程度、年齡結構、專長、工作年齡等因素。

這些，都是我們需要瞭解的最基本資料。它們本身可能就說明了某些問題，如年齡結構偏高，員工專長是否能適合未來新經營策略的需要？

為了對廣義的員工素質有更進一步的瞭解，我們還應該研究員工的出勤率、流動率、被客人投訴的次數等情況，以對飯店運作的專業化程度做出判斷。

職責劃分

職責劃分，指每一部門及每一員工所擔負的工作內容、授權程度。這可以由工作說明書、職責劃分表、分層負責明細表等文件中獲知。有時，也可以個別訪談的方式來彌補文件的不足，或澄清員工對文字說明中的混淆與誤解。

服務業務特性

有些營運方面的問題，雖然可能不在我們進行諮詢的範圍之內，但是，提供諮詢的最重要的目的之一，就是使飯店業務能順利推進，而且，飯店業務的特性也決定了組織設計的方式。因此，在進行諮詢服務期間，飯店顧問對業務特性的瞭解是很有必要的。況且，業務特性也可以包括在廣義的組織架構範疇之內。

對業務特性的考察，主要包括兩方面：

1．業務的細分狀況

飯店是為單一的市場提供單一的服務產品呢？還是為相當多數的市場，提供各色各樣的服務產品？業務究竟是複雜還是單純，對組織形態設計會發生決定性的影響。業務單純的飯店，組織架構相對簡單，而業務複雜的飯店，則組織架構相對層級較多。當然，在倡導組織扁平化的今天，後者也在調整。

2．服務經營週期

這個週期，必將影響決策的方式，特別在旅遊地飯店，其經營的淡旺季比較明顯。

此外，飯店在目前是處於生命週期中的哪一階段，也是值得參考的。新興的飯店和成熟的飯店，無論在競爭方式上還是在經營手法上，都會有顯著的差異，因此，問題及其應對方法必然不同。

二、組織架構的設計

前提：分析資料

有了以上各種具體資料以後，我們才可以依據這些資料來加以綜合分析，並得出結論以指導飯店工作。

分析時，應特別注意理論與實際的結合。如有多位諮詢顧問共同參與工作，透過開會討論，互相激發，可以找出解決問題的最佳辦法。

組織架構應有助於推動飯店當前策略的實施

每個飯店在不同的時期，策略各有不同。有時是追求效率，有時則強調經營的規模化程度，有時則追求多元化的成果，有時則希望在地理市場覆蓋範圍上求發展。我們暫且不必過問策略是否正確，但在不同的策略方向下，組織架構應有不同的設計。

例如，在單一市場的飯店經營中，十分強調服務效率，而這些職能部門組織，若要從事多元化經營，就會相當困難或不可能。

因此，一旦我們要改變經營策略，就必須事先找出那些可能阻礙這些改變的組織要素，以從根本上解決問題。當飯店策略改變了以後，它們的組織架構也要隨之調整以配合新策略的執行。近年來，這一原則已成為各行業組織設計上的最重要原則，因此，飯店顧問在進行諮詢診斷時，必須首先檢討組織架構與飯店策略的配合是否適當。

飯店的關鍵業務應被特別強調

關鍵業務,是指該飯店在競爭中最為突出並超越競爭者之處,因而成為該飯店主要的競爭武器。

每家飯店的關鍵業務不同,因此,在組織上被突出和被強調的部門,也就應該有所不同了。

部門之間的相對重要性與市場架構變化的關係

市場架構,在經濟學上是指對市場形態的劃分,如獨占客源市場、寡占客源市場、獨占性競爭客源市場、完全競爭客源市場等。在不同的市場架構下,競爭的方式各異,因此,各職能部門的相對重要性,也應該有所不同。

有時候,飯店市場架構改變了,而飯店組織中,對各業務的相對重視程度以及組織設計未能及時調整,常常是營運發生障礙的一個原因。

飯店職能部門的獨立性與整體策略相呼應

在飯店管理方面,如何決定職能部門的功能十分關鍵。事實上,職能部門控制範圍的大小,以及各部門的獨立程度,應視飯店或飯店集團整體策略而定。

就是說,如果策略上是企圖在不同的市場領域綜合開拓,達成遍地開花的效果,則各部門或各所屬飯店乃至其各事業部門的獨立性宜高,以求其靈活與彈性。若為主攻某一單純市場,力求做深做透,則策略上即應強調互相支援,而且重視服務效率,此時,各部門的獨立性宜低,以期發揮統一行動的合力作用。

因此，各部門的獨立性應與飯店或飯店集團的整體策略相呼應。

飯店組織應根據新發現的問題及時調整架構

飯店組織的設計，不是為設計而設計，更不是一成不變的，它的定性，應為「解決飯店運作過程中出現任何問題的工具」。

比如，飯店經營上時時有新問題發生，當原有組織不足以解決這些新問題時，就應在組織架構上進行及時的調整，以配合新的形勢。例如，原本沒有的臺灣客源市場興起，且有潛力，便可以考慮建立新的針對臺灣客源的機構及項目部門。

再如，一般飯店的工程部與安保部分立，但隨著安保技術水準的不斷提升，透過技術防範（簡稱「技防」）的比重迅速上升，原本的人力安全防範（簡稱「人防」）重心就要進行調整，此時，就應該考慮可否將兩部門合併為統一的工程與安全保障部（簡稱「保障部」）。

當然，為了確保新的部門能解決問題，在決策上，應給予適當的授權。

透過組織架構調整，推動飯店集團獲得規模經濟優勢

規模增加固然會帶來經濟利益，但若不透過適當的組織安排，這些規模經濟就將只是潛在的可能性而已。因此，在規模擴大以後，就應該考慮增加一些中央管理部門，集中權力，以發揮專業化管理的效果。飯店、飲食業的發展中尤其要注意這點。

飯店組織的制度化程度應與飯店規模成正比

組織的制度化（正規化）是要花成本的，就是說，不同的飯店規模，其組織制度程度應有所差異。此外，在飯店成長的各個階段，制度化的程度也應有所不同。因此，飯店顧問要善於發現兩個核心問題：

1・是否存在飯店規模小而過分制度化現象？

2・是否存在飯店規模大而制度化不足現象？

小型飯店權力集中，訊息集中，因此，以相對「非正式」的方式來保持其靈活與機動更好，如「請示匯報法」、「口頭指令法」、「碰頭會議法」等等，都屬於這類管理方式。

而規模漸增時，內部運行便應該日益「制度化、規範化、層級化」，而且，分工愈細，聯繫工作愈需要遵循正式的程序，服務亦然，而且在控制上也要適應這種較為複雜的環境，否則，就會出現混亂。

許多飯店在高速擴張、成長，但其制度化程度未隨著提高，因而造成許多後遺症，使得規模擴充，只見其弊而不見其利。

相反的，如果小型飯店勉強將大飯店制度引進，便會徒增過多束縛，反而失去了原有的活力。有些小飯店被大飯店合併後，績效大幅下降，其原因之一，便是大飯店將本身制度強加於對方身上而引起的。

這也是實施飯店連鎖管理時應特別注意的。

飯店組織架構應適應環境變化

環境變化，比如市場形勢、自然條件、國家或地方政策、區域社會的產業結構、文化、科技、教育、消費習慣與支付能力等等，都將影響到飯店組織架構的設計與調整。飯店顧問必須擁有這樣的廣域視野，否則，將很難提出切合「當期實際」的診斷報告。

採用分權式的複雜組織，唯有在環境變化快、市場競爭激烈的情況下，成績表現才好；反之，較集權而簡單的組織架構，唯有在環境穩定而競爭少的環境中方才適合。就是說，當環境變化快而不確定性較高時，組織應具有高度的彈性，以適應外界變化；而當環境較穩定時，則宜採取較機械式的組織架構，以確保效率及有效控制。

飯店組織的應變能力

這一問題，在環境變化不穩定，而策略上有隨時進行調整的必要時，尤為重要。其實，整個飯店組織架構問題診斷的核心，都在這「應變能力」四個字上，「隨變而變」是應變，「以不變應萬變」也是應變，關鍵在於對時機的分析與把握。

因此，這也是飯店顧問的最大價值所在。

三、組織分工

飯店組織的「複製成本」與「間接成本」

這個診斷的核心，在於確認飯店人員的專業能力能否得到充分的發揮。

有時候，飯店為了減少部門之間協調的頻率，而成立許多職能部門，每個部門中自行擁有其所需要的辦公人員及設施。這樣一來，固然可以減少部門間的衝突及協調成本，但各部門間由於無法共用人才和設施，造成了經營上的不經濟，這就叫「複製成本」過高。

這種做法，由於將各種連續性的業務或專業人才及設施分散到各部門，也會使他們的專業能力為之減弱。

所謂「間接成本」是指在職能部門的組織結構中，每一個部門都需要其自己的人員及辦公場所等，這些成本與服務效率沒有直接關係，所以稱為「間接成本」。

這些都是部門過多所導致的結果，在診斷時，飯店顧問應該注意這種成本是否過高，並以此來推斷飯店組織的分工方式得宜與否。

經理的控制幅度

考察飯店每位部門經理的控制幅度是否合適，旨在判別飯店是否因控制幅度太廣，而降低了監督指導的作用，或因控制幅度太窄，而增加了管理成本，並限制了部下能力的發揮。

經理控制幅度應與員工素質、市場環境及工作特點相配合。一般而言，人員素質較高，獨立判斷能力強時，經理的控制幅度可以較寬些。當部門工作性質較一致而單純（如客房部），或彼此間協調的需要較少時，經理控制幅度可以較寬些。若工作性質為必須嚴格依照規定來處理的，如飯店總機、中西廚房，經理的控制幅度就應該窄些，以收嚴密控制的效果。

控制幅度窄，自然造成組織層級及各級管理人員的增加，此種管理成本也是組織診斷所要考察的指標之一。

飯店產品拓展過程中的組織分工調整

飯店產品增加以後，如果不在組織上作特別調整，則對原有產品的銷售較易，而對新的服務產品銷售較難。比如，在原本的中餐廳內，開設了一個「素餐」，增加素餐服務，這時，如果我們不增加一個素餐小組或素餐部來負責這項任務，那麼，「素餐」的存在，將可能在經營中被我們自己完全忽略，同時也因缺乏專人負責，而令新產品無法很好地被客人認可，造成推廣過程中的極大阻礙，以致最後，被大家公認為「不成熟」而遭淘汰。

一般情況下，我們可以增設一專門部門，負責該產品的促銷，以解決這個問題。

基層職位場所分散易發生控制困難

有些別墅式飯店或新合併、增設的飯店常有地點分散的情況，因而造成指揮、控制困難。這是因為任何物理距離都會影響人的心理與行為。如在寬闊的空間裡，人會因為自覺渺小而不安，希望找一個「駐足點」，但如果空間侷促，則人會感到壓抑，想「出去散散心」。

一般而言，如果「駐足點」分散，如在飯店的分體別墅之間，或飯店集團分散在不同地點的飯店，或大型飯店內的不同職位，距離遠、空間大，人會在行為上表現出「散態」，進而造成協調困難，甚至出現認同感低的情形。

這種情形，亦為分工合作造成影響，甚至有些分店因在當地根基深厚，更不易調度，甚至出現各自為政的現象。

這時候，飯店顧問應考慮從機制上提出解決問題的措施，而不是僅止於簡單的「強調」或「要求」，而過於苛刻的「一刀切」的做法，甚至可能招致負效應。這些機制層面的措施可以包括以下八點：

1·統一企業經營理念，統一入職培訓，並定期進行延伸式的理念培訓，即在同一理念的前提下進行的專業、管理、文化培訓，以進一步統一理念並豐富理念的內涵。

2·儘可能多地規範識別標示、裝飾、用品用具或服飾等，以統一的視覺識別來增強對飯店的認同感。

3·統一文件等公文的格式，召集定期或不定期的會議。

4·組建各分散職位主管的主題沙龍。

5·共用一些設施，如洗衣房、出租車公司等。

6·統一服務品質、消防安全、衛生等公共項目的檢查制度，並具體落實。

7·組織全員活動，如各類比賽、集會、旅遊、參觀考察等。

8·如果是飯店集團，可由不同飯店高階管理人員組成管理公司等，建立「利益共同體」。

基層職位專長分散易造成指揮困難

一般飯店或飯店管理集團，都會在總經理室下設人事部（或人力資源部）、總務部、公關部等公共性的部門，它們各自所轄的業務性質截然不同，所以，無論是有哪一種專長背景的主管上級，都不易順利地同時指揮這些部門及所有專業人員。

這時候，飯店顧問要特別關注三點：

1．「管理」本身是大家共同的專業。因此，可以從這個角度，引導上級發揮「協調與服務」作用，同時，能對核心的、共同的業務點，如財務、人員編制等，進行「合理控制」（不是通常意義上的嚴格控制）。

2．引導上級經理充分發揮下屬主管的專業能力，自己不要當專家，更不必冒充專家，即使是專家，也要善於傾聽。

3．要求上級經理善於學習，以不至於被下屬欺瞞，同時，要有高於下屬的見識和視野。

部門劃分應配合業務需要

在飯店部門的劃分上，可以有許多不同的方式，不必拘泥於某一個模式，或簡單地認為哪個好哪個差。

銷售組織可以依地區分，再依服務產品分；也可以先依服務產品分，第二層級再依地區分。

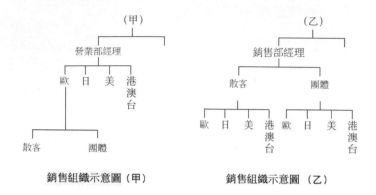

銷售組織示意圖（甲）　　　　銷售組織示意圖（乙）

　　對於這兩種組織劃分方式的選擇，應視休閒、旅遊、商務等市場需要而定。當一個地區內銷售業務需要密切配合，而兩種飯店產品在分配通路及實體上並無二致時，宜用「甲」型。

　　若兩種飯店產品在策略上的意義不同，如A為特別具有潛力的主力商品，需要特別受到照顧時，則宜用「乙」型。

　　若業務需求改變而組織未能及時調整，必然會阻礙業務目的的達成。

人員安排的均衡

　　飯店人員安排，常常會因為業務狀況或業務重點調整，使得有些部門工作量太少，另外一些部門則人手不足，出現忙閒不均現象，所以，要適時進行調整。但現實的情況並不簡單，因為業務部門的要求常常被行政部門擱置，所以，飯店顧問的一個重要工作，就是分析規定的編制能否配合業務的需要，並進行機動調整。

　　透過定編分析工作，我們可以發現，在飯店中，是否有些部門目前已無作用，應裁撤而未裁撤，有些事實上屬於臨時性質的業務，卻由一長期性組織來負責處理，雖然業務已經完成，卻未裁撤

或歸併，造成該部門冗員眾多。

飯店管理者應該在這些人員能力尚未完全僵化以前，將他們調到其他部門，以保持飯店組織的活力。

四、部門關係

部門之間的主從關係取決於它們的相對貢獻

在飯店中，各部門對利潤或終極目標的直接貢獻程度有所不同，所以，在設計部門組織時，應依其貢獻程度，決定其間的關係，並以支持直接產生利潤的部門為原則，就是我們所說的二線服務一線，一線服務消費者。

例如，財會部為後援部門，並不直接產生利潤，而大廳、客房、餐飲等業務部門則是直接產生貢獻者，因此，飯店組織中的種種行事，便應由前者支持、配合後者。就像學校教務處與教師之間的關係及地位一樣。

這時，飯店顧問要特別觀察間接創造利潤部門，如人力資源部、財務部等的工作態度，它們是服務還是控制？是支持還是阻礙？這些，將在很大程度上決定飯店的市場化程度。因為有相當一部分二線經理把自己定位為「管理者」、「控制者」、「權力支配者」，而不是「服務者」，他們不知道管理與控制的實質是服務，不知道一旦以控制思維替代了服務意識，便已經成了飯店發展的絆腳石這一現實原則。

當然，飯店顧問在表述這個意見時應該注意技巧，因為這可能觸及一些行政人員的痛處，以致診斷遭遇牴觸。

部門間的相對地位和重要性，與飯店所面臨的各種問題相關

在瞬息萬變的商業環境中，能化解不確定因素的影響而保障飯店經營正常運行的部門，如營業、公關等部門的重要性就應相對提高。如果這些應受重視的部門未獲得應有的重視，那麼，飯店應對外界市場環境衝擊的能力必然大為減弱。

這時，飯店顧問應該關注三點：

1·直接上級是什麼職位？能否確保迅速決策（拍板），還是要反覆上報，在等待行政部門的批覆。如果是後者，那麼，問題將非常嚴重。

2·各級人員獲得的授權有多大？

3·飯店其他部門人員對應受重視的部門的態度怎樣？這些態度產生的原因是什麼？

很多時候，問題出在這些部門太受重視，而招致嫉妒或反感，實質是配套政策沒有到位，使得個人的情緒因素取代了理性的思考，飯店顧問應及時提醒飯店政策制定者。

重視關鍵部門的三個要點

1·飯店可能存在口頭重視某一關鍵部門，大會小會都講，但這一部門在組織內職別層級過低，從而限制了它應發揮的作用。因此應予調整。

2·各部門共同需要的管理性服務部門，應置於飯店組織的中央位置。試想一想，如果財務部、人力資源部、安全保障部隸屬營業部，那麼，對於其他部門而言，就很難感到會獲得相應服務。

3．管理（服務）性部門要做好對自己的定位：管理性服務，而非管理性控制。

管理職能部門的定位

飯店組織運行中經常發生的另一個問題，是上級過分注重管理職能部門本身的工作效果，而減弱了對一線部門的服務。

這個現象的起源有兩點：

1．一般辦公室排列法，是將總經理辦公室列入飯店行政區域，使得行政口各部門人員更容易圍繞在總經理身邊傳達訊息，而將業務部門的人員隔得遠遠的。

2．管理職能部門自身的工作特點，是必須「執行文件」，並由此而決定了行政人員的控制傾向。

顯然，無論直接還是間接的「拒絕服務」，都是錯誤的，因為管理部門的成績，必須經過一線部門的工作才可能體現出來。沒有一線的成績，他們的成績沒有任何意義。所以，他們的角色，應定位為服務於一線部門，是謂管理性服務。

此外，上述情況還可能引發管理職能部門因考慮本身工作的方便，而在無意之中給一線部門的運作帶來麻煩。

當然，飯店管理層或飯店集團的考核指標設計也具極大的引導性，如某飯店考績文件中明確了對管理職能部門成本、費用控制等的指標，而偏偏忽略了他們的服務本職所在。

更為嚴重的是，這種情況常不為他們自己所察覺。

因此，飯店顧問非要在這些常為人們忽略的細節上下一番真功夫不可，否則，將很難幫助飯店完成組織發展任務。

五、權責劃分

飯店中所有重要決策，都應有人負責

在問這個問題之前，首先要經過決策分析，列出本飯店共有哪些重要的決策，然後，再一一確定權責。

決策負責人必須是特定的個人，而不是委員會或會議之類。

我們經常聽到有些飯店的重要決策由「某某委員會」決定，其實，這正是飯店高階管理人員推諉責任的方式之一。

任何「委員會」都可能被一些擁有非正式權力的人員所左右或影響。透過「委員會」的擋箭牌，可以使他們的意圖得以實現，而在後果不佳時，卻不必承擔決策錯誤的責任。

這點務必認清。

主管經理缺乏獨當一面的能力，凡事交由委員會或經理會議來決定併負責，是一種極不應當，卻又常見的飯店組織問題。

飯店顧問必須找出這方面的問題，確定飯店中所有重要決策是否都有人在負責。如果沒有，就要改變。

權責劃分應建立在垂直命令體系之上

在飯店機構之中，是否人人皆有明確的部門歸屬？是否人人都有其明確的負責對象？這是本項考察的核心。

權責劃分，必須建立在明確的指揮體系之上，因此，在瞭解權責劃分時，指揮體系的澄清為其基本步驟。

飯店的指揮體系，首先是垂直命令體系，即自上而下，一級管

一級。作為原則，應明確三點：

1．每個下級員工只向一個上級負責。

2．上級可越級檢查工作，但不能越級指揮。

3．下級可越級申訴，但不能越級報告。

基層員工是否明確績效責任的歸屬

飯店顧問應考察飯店基層部門人員是否明確績效責任的歸屬，這很關鍵，因為如果事事都須由高層經理來負最後的責任，就意味著飯店管理有問題。

如果事事都需要由高層經理來判斷與決定，則該飯店將無法嚴格地責成基層管理人員發揮其責任心及潛力。而且，高層經理也會因為經手的決策太多，而降低了工作效率與決策品質。

反過來說，在工作與決策的劃分上，如果部門經理對任何工作都只能負責一部分，而且，在決策判斷所需訊息上也掌握得不完全，那麼，基層員工對決策及績效，也便自然難以把握了。

由新產品開發看權責安排得當與否

核心問題在兩點：

1．新的服務產品開發是否有特定人員負責？

2．他是否享有推動此項開發工作所必需的權力？

這是一個很靈驗的測試題。

比如，飯店開發新的客源市場，需經市場研究、項目設計、人員促銷及現場服務，而這些工作，要由不同部門合作完成。但對各

部門而言，他們平日都有極繁重的例行工作，新開發的服務業務，對他們而言，充其量只是其總工作量的一部分而已。加上對新開發產品並無具體責任，因此，難免輕視新的服務產品。

因此，新服務產品的開發，應在組織上設定特定人員專門負責推動，才可能避免上述現象發生。

當然，專門負責人必須具有足夠的權力與地位，才足以擔當這一重任。這對習慣於頻繁推出新服務產品的飯店而言，可能會得心應手，因為它們知道這個安排非常重要。但很多時候，那些平時很少有新產品、偶一為之的飯店，卻會忽視這一點。在這裡，若不能對管理權責加以特別設計，則大多數產品開發方案將會被擱淺，最終不了了之。

上級管理部門權力過大會影響基層部門發揮作用

某飯店的人力資源部經理直轄各部門的服務品質管理、員工招聘、考評、定薪、獎懲等所有工作，這樣一來，各部門經理便只能負責服務生產而對上述支持性業務無從插手。

這是一個典型的上級管理部門權力過大，影響基層部門發揮作用的例子。

飯店內部存在著各類的上級管理人員，自然影響了部門經理統馭權的完整性以及對整體責任的擔當能力。

過分的集權與過分分權，都是不正常的。

目標管理法

問清三個問題：

1 · 每一部門的使命與目標是否明確？

2 · 是否根據目標來制定各部門績效的標準？

3 · 各部門的目標是否皆與飯店整體策略相配合，或由飯店整體策略延伸而來？

每位部門經理或每位主管擁有指揮權的目的，在於完成上級所交付的任務。因此，若要檢討某部門或某人的權力是否過大或不足時，便必須與其承擔的使命和目標相對照，才能明確。

一切績效標準的制定，都要與目標相一致。

同時，這些部門的目標必須是由整體策略延伸而來的，這樣才能透過各部門目標的實現，來執行飯店的策略。

飯店顧問要在這裡做足文章，因為還有些時候，由於過度強調目標管理而制定出「過度詳細、苛刻」的考績，而造成飯店面臨三大窘境：

1 · 敬業精神消失。敬業精神的出發點應是發自員工內心的信仰：「工作的報酬是工作」。然而，過度考績會破壞這一點，敬業精神可能會為「給多少錢做多少事」或「完成指標萬事大吉」的思想取而代之。

2 · 挑戰意識消失。人們挑戰的意願永遠來自自覺。然而，當目標在前的時候，誰還會越過它呢？反過來，員工對經理的期待，甚至只看「誰能討來最易達成的指標（目標）」，而不是更高更好。

3．團隊思想消失。團隊思想來自合作的喜悅。考績會造成近乎殘酷的「內部攀比」，令合作意識蕩然無存，甚至會發生相互拆臺之事。

飯店顧問有責任把握，並提醒這些「尺度」的問題。

合作作業與責任分擔的七原則

飯店無縫、連續的工作性質，決定了飯店業務流程要經由若干部門、不同職位、特定或不特定的人。那麼，各自的責任劃分是否應該明確呢？

回答當然是肯定的。

最終服務產品的品質責任，能否劃歸到各個不同的生產階段？同時，新服務產品（如菜餚、婚宴新項目等等）的開發工作若發生延誤，其責任將能否追究到每一個參與部門？這些責任又該怎樣明確呢？

就是執行職位職責的規定與服務流程的細節要求。

不過，兩者永遠是一對矛盾，而矛盾影響服務品質的情形，大都發生在流程之外，即在同步執行流程時發生並行（不交叉）狀況，不交叉，就意味著沒有合作作業。因此，我們要解決在合作作業過程中，誰的「聲音」應大，誰的「聲音」應小的問題。

這具體應有七個原則：

1．在所有「聲音」中，誰離外部顧客更近，誰的「聲音」就更大，而不論他是本部門還是他部門，是上級還是下級，是大部門還是小部門。

2．在外部顧客與內部顧客「聲音」的比較中，外部顧客的「聲音」通常要大於內部顧客的「聲音」。

3·在專業領域裡，本專業部門的「聲音」，通常要大於非本專業部門的「聲音」，但應負的責任也應更大（不能簡單地說拒絕有理）。

4·服務對象的「聲音」永遠大於服務者。

5·上級的「聲音」是否應該比下屬的「聲音」大，同樣取決於以上四條標準。

6·兩個或多個部門面對外部顧客都在忙時，「聲音」相當。此時若互比「聲音」大小，爭論流程上下，就根本不是在工作，而是搪塞責任，或變相地拒絕服務與營銷了。所以，應打破流程框框，迅速、靈活地採取「直線工作法」：直接找能夠最快解決問題的部門、人員或自己動手解決問題。

7·內部顧客「違規」或外部顧客「無理取鬧」時發出的「聲音」，不符合這裡「聲音」的概念，只能是「雜音」、「噪聲」，須依法清除。但有關判斷則要掌握明確的證據，並應慎之又慎地加以處理。

二線人員能否成為一線（人員）業務的後盾

飯店的公關、銷售、用品採購、後勤、人事、培訓、財務等二線（非直接創收）部門，是否負擔起「內部緩衝」的責任，以確保位於飯店組織核心、前沿的大廳、客房、餐飲、娛樂等一線服務團隊（直接創收部門）發揮功能，在受到市場衝擊之後，不必撞到牆壁，而是獲得和緩而有力的推動，使業務得以順利進行？

一線服務部門是飯店的核心所在，這點不容置疑。所以，若欲發揮其效率，就必須在一線與外界變動的環境間設置一個「保護層」，方可令其順暢地運行。而緩解震盪的「保護層」的角色，即應由飯店的二線部門或稱為後臺部門來擔當。

在某些飯店裡，這些二線部門並未積極承擔起「後臺」責任，使一線服務部門必須自行面對一些服務需求及原料供應方面的波動，因孤立無援，而影響了服務效率、效果。更有一些飯店的後臺部門僅以一種「管理者」（喜歡強調自己的權威）的姿態出現，從而徹底破壞了自己應有的定位。

要知道，如果一個人搞錯了自己的定位，那麼，無論他有怎樣好的願望，都可能南轅北轍。

當然，這些狀況在一般性的諮詢過程中，是不易被發覺的，但飯店顧問必須關注到這些，因為它是影響飯店營運績效的深層原因。

營運模式與職責

這裡要考察的問題，是飯店部門選擇了怎樣的營運模式。一般有三種模式：

1·以費用控制為中心的營運模式。

2·以利潤管理為中心的營運模式。

3·以投資管理為中心的營運模式。

選擇模式，實際上就是為自己定位，因為它們必須配合各自的業務特點以及飯店組織所處的發展階段特徵。

費用、利潤、投資回報管理等的安排，在每一家飯店，都被視為代表了不同程度的授權與責任歸屬。簡單地說，如果該部門經理只能在業務上對費用的支出負責，則應選擇以費用為中心的營運模式；若在業務上可以對短期收益及支出兩者負責，則可採用利潤中心的管理模式；若在業務上賦予其自行決定投資計劃，並擁有調派技術力量及資源的權力時，則宜以投資為中心的營運模式來確定其責任。

各部門責任的大小，應以其業務性質與需要為主要判定依據。

　　例如，某飯店給客房部設立了贏利目標，並把他們無法控制的收益額也納入了責任指標裡。此目標設定，明顯地背離了該部門的服務特點，結果不僅無益，還必然引發混亂。

六、分權狀況

分權是否得當

　　分權不得當，可能是說應集中辦理的事項，卻由各部門分別處理，或應分別處理的事項卻「一鍋粥」地處理，結果都可能是「一鍋粥」。

　　在飯店中，有些事務，集中處理可以發揮「規模效益」或「專業化效益」，如採購與倉庫管理、現金控制等，應該集中辦理。另有一些決策，考慮「涉及面較廣，影響範圍也大」，其決策權亦不易分散，如人員的晉級、職位安排等等，也應集中處理。

　　反之，若集中處理將破壞「規模效益」或「專業化效益」原則時，如跨專業的餐飲與客房產品，就不能胡亂歸併，如餐飲出品中的中餐、西餐，也要分權以落實責任，即不應由一個廚師長同時管中西餐。此外，這些內容通常範圍侷限明確，即「涉及面不廣（限於本職），影響範圍也不大（限於本部門）」。

　　一個飯店中的各項業務或決策的分權程度是否合適，必須根據這個原則，針對實際情況，來一一檢討。

合適的人應在合適的職位上獲得合適的授權

這個命題的核心，是要考察飯店中最能掌握某專業訊息、最能瞭解該專業情況的人，是否享有適當的決策權。

飯店中，任何決策的正確與否，或時機當否，都要建立在充分把握訊息資料的基礎上。因此，能迅速掌握訊息，而且對情況最瞭解的管理者，應該賦予他對於此事的決策權。

訊息的掌握者，有時是飯店中的高級管理者，有時則為基層管理人員，甚至是員工，所以，分權也不能「一刀切」。一般而言，分權程度是否合適，要根據訊息及其來源來檢討。比如，飯店網路訊息管理員對飯店網路訊息的安全應負重要責任，但他可能是現場的技術人員，而不是經理，但他們應該獲得授權。再如，人力資源部經理應把握飯店所有人員的薪資標準，而這個訊息源將使他必須獲得一定的管理授權。

很多飯店犯一個錯誤，就是行政職位越高，獲得的授權越大，包括對客服務折價權限，而對客服務訊息的最直接把握者應該是一線管理人員與員工，因此，他們應獲得相應的大於其他人的授權。

訊息的時效性與授權模式

掌握決策權的人獲得決策訊息所需的時間，能否趕得上情況變化的要求？這個問題跟上邊的問題一樣，只是探討角度不同，權作一個必要的補充。

就是說，如果決策權的掌握者獲得訊息的速度慢，而決策的時效要求又特別高時，就說明或預示著，決策權應轉移給能更迅速獲得訊息的有關人員。

古語說，「將在外君命有所不受」，即是因為戰爭進行時，戰況瞬息萬變，必須由處於第一線的將領全權判斷決策，若還讓後方的皇帝保留了若干現場指揮權，令第一線的將領時時請示，必然會嚴重地影響軍事行動效果。飯店管理亦然。

可以考慮實施「雙軌授權法」，即將行政授權與經營授權分開來，前者如資金審批、政策核定、人員安排等，按行政級別授予決定權，後者如現場折扣、賓客投訴處理、貴賓安排等，按「誰離客人近誰負責」的原則安排。

授權的變化

決策權的掌握者，是否因級別太低而未能對決策對象加以全面考慮？飯店業務量增加後，是否及時提高了分權程度，以免部門經理或高層主管工作負荷過重而降低決策效果？

這是一個關於授權是否有效的大問題。

在小型飯店裡，總經理對飯店的各項業務都不得不全盤掌握。但在飯店擴大以後，總經理也必須跟著升格，去注意一些因飯店擴大而帶來的新問題，如部門間的協調以及通盤政策的制定等等。

因此，他應當將過去所從事的作業性業務管理，逐漸地交給下級的部門去負責，以集中精力，從事高層管理的工作。

只有肯授權，授權的行使才可能有效。

分權程度應配合環境變化及環境的複雜性

當外界市場環境發生變化時，競爭將加劇，訊息處理及決策的時效要求，都會跟著提高。這時，應提高分權程度，以取得飯店管理的彈性及反應速度。

當環境的複雜性提高時，飯店將同時面臨著不同特質的環境，因此，也應當提高分權程度，讓不同的下級部門來處理不同環境中的問題。

當然，這也要具體問題具體分析，飯店顧問必須收集整個市場競爭對手的資料，以找到最恰當的方案。

第七章 流程管理

一、飯店服務流程的考察

靜態與動態

在飯店中，靜態的結構只是其運作的基礎，在這基礎上，還必須從事許多動態的活動，才能保證使命的完成。

這些活動，可以用一種「服務流程」的方式來表達。這些流程，涵蓋了飯店組織完成使命中的大部分工作，如服務流程、決策流程、解決問題流程、協調流程、激勵流程、授權流程，以及訊息溝通、訊息傳遞流程等等。

「一般文件」與「作業文件」

飯店文件的制定，大體可以分成兩類，一類事關政策、原則或臨時任務的，稱為「一般文件」，如員工守則、財務制度、權限規定、關於某事項的通知等。

另一類，是關於操作方法、流程、標準的，一般稱為「作業文件」，如中、西、自助餐收銀辦法及管理流程、員工行為標準、實習生工作辦法等。

這樣的劃分，可以幫助我們知道哪些事情應該做靜態管理，須關注穩定性，哪些事情應做動態管理，須強調其靈活性。

飯店基本流程的十二個問題

每家飯店為了達成使命，都必須進行一些基本活動。這些活動不限於人才引進、採購至服務產品出售，還包括了飯店目標及策略的擬定、客源市場的確定與爭取，以及有關策略性訊息的反饋等等。當然，還要包括活動背後的思想及觀念。如此，則整個飯店管理的基本流程，才算完整。

因此，必須探討如下一些問題：

1．飯店的經營理念、市場定位、管理策略明確了嗎？

2．它們是透過怎樣的方式擬定出來的？

3．是誰在決定這件事？

4．根據什麼資料或假設，來擬定這些目標與策略的？

5．目標市場是如何確定的？

6．市場促銷與為客人提供服務所遵循的基本原則是什麼？

7．飯店各類經營所需資料是如何採購的？

8．勞動力的供應狀況怎樣？

9．服務生產流程是否完善？

10．促銷活動的重心是否把握到位？

11 · 飯店營銷項目的售後服務能否配合到位？

12 · 應用哪些策略性的控制方法，來確保飯店成員沿著正確的方向前進？

這些無一不是規定飯店基本流程的環節。但顯然，飯店顧問在這一階段的工作，還不必深入到服務操作的細節，而只是探討飯店經營者的經營理念在飯店活動過程中顯現出的部分「影跡」。

瞭解這些，將有助於對問題方向的真正把握。

此外，由於這些基本流程的有無或好壞，與飯店營運的最終效果息息相關，而且對飯店的組織設計也有些指導性作用，所以，儘管未必與狹義的飯店組織問題直接相關，卻是我們進行飯店諮詢所必須事先瞭解的，否則，就會考慮不周。

飯店例行性決策流程的十三個關鍵點

飯店上下每一位成員所採取的每一步行動，背後都包含了一些決策，因此，飯店作為一個組織，也可稱之為一個決策的體系，而貫穿這個體系始終的，是決策流程。

在進行飯店診斷過程中，我們須先確認這樣一些問題：

1 · 在飯店中，大約有哪些重要的例行性決策要做？

2 · 這些決策都由誰來做？

3 · 完成這些決策，究竟是根據哪些訊息？

4 · 這些決策是由某個人單獨決定的，還是由許多人集體決定的？

5 · 有哪些上級的政策或指標，可以作為下屬各級人員決策的指示或參考？

6・這些政策是明文規定的，還是隱含在大家的「體會」、「約定俗成」或「經驗」中的？

7・決策與決策之間是否有關聯性？

8・如果有關聯性，則在大廳部所做的決策，將以哪種方式傳達給客房或其他部門，以供他們在進行有關決策時參考？

9・決策權是否太過集中於少數人？

10・決策者的時間、精力及所掌握的訊息，足以應付這些決策的要求嗎？

11・決策權是否分散在各部門？

12・這些部門如何聯繫，以保持決策的一致性？

13・飯店各部門如何避免各行其是、各自為政？

解決飯店問題流程要注意些什麼

除飯店例行性決策流程，另有一些「臨時性」決策的程序，即解決問題的決策流程。

有些問題雖然存在，卻不一定會在短時間內造成嚴重的後果，對這種潛伏性的問題，有些飯店不可能將它們發掘出來，有些飯店則非要等問題已相當明顯才會引起注意。因此，在解決問題的流程中，最重要的，是發掘問題的流程與能力。

我們需要檢討一下，這家飯店在發掘隱藏性的問題表現如何？是否有一定的方式和合理的流程來進行這項工作？

發掘出問題以後，如何處理以及由誰處理，也是值得重視的。這裡又牽涉到成員對問題的責任問題。有些飯店一旦發現問題，大家的第一個反應就是「推」──如何把責任推給別人。這對解決

問題就會造成很大的困擾。我們可以從飯店過去處理問題的記錄上，觀察出這類現象出現的頻率。

和解決問題流程有關的觀念，是建設學習型組織。

飯店組織和個人一樣，需要從不斷的解決問題中，累積經驗，改進辦事的方法。同樣，飯店組織也有智愚之分。在對解決問題的流程進行觀察時，我們會發現，有些飯店對其所犯的錯誤，似乎是一再發生而毫無改進，而且在處理方式上，始終維持著「推」、「拖」和無效率的狀態。這種現象，表示該飯店組織的學習能力差，無法從經驗中追求自我成長。

除此之外，解決問題的參與方式、授權方式以及採取行動以後的反饋等，都是值得注意和瞭解的組織流程。

飯店服務流程控制的九個問題

與以上幾個流程密切相關的是服務流程。服務流程，指各級經理、主管和員工在實際行動中所採取的步驟。對服務流程的診斷，需要我們參考飯店工作說明書，去實際觀察和訪問，以瞭解這樣一些事實：

1‧他們究竟是以什麼方式為客人提供服務的？

2‧他們的工作方式與工作說明書一類文件裡所記載的是否一致？

3‧如果不一致，為什麼？

4‧如果一項工作由若干人負責，那麼，他們的服務流程是否相同？

5‧若不同，為什麼？

6‧他們是根據什麼原則在實施這些服務流程的？

7‧他們參考了哪些訊息與事實資料？

8‧每個服務人員的作業，在服務流程上是否互相影響或互相銜接？

9‧他們之間配合得如何？

由以上這些內容中，我們會發現，服務流程、決策流程、解決問題流程之間是不容易區分的。這裡，只是為了使陳述更有系統性，才將它們分開來介紹，而在具體諮詢與診斷過程中，應將它們合在一起考慮。

對服務流程的觀察應列為診斷工作的重點

這裡的流程，主要指服務流程。

服務流程，是飯店中一切組織流程的基礎，我們必須透過服務流程，更進一步地去研究其他的組織流程。

想要掌握飯店問題的核心，就必須深入瞭解其服務的流程。對服務流程愈瞭解，則對潛在問題的洞察力便會提高。飯店顧問在考察服務流程時，要注意以下三點：

● 態度表現。

● 場所選擇。

● 抽樣過程以及記錄。

以下試逐一說明。

1‧飯店顧問的態度表現：真誠學習

如前所述，飯店顧問常被誤認為是上級派來評估員工工作績效

的，尤其是在作流程診斷時，為此，飯店顧問必須事先澄清這一誤會。

因為任何一位員工，在其內心深處，都會感覺到他的工作方式或工作內容，存有若干不合理或不明了的地方，因此，他會很害怕在飯店顧問的追問之下，暴露自己的弱點。

這就要求我們在態度上表現出特別的親切，不可有任何可能引起對方防衛性行動的舉止和言談。

在訪問的過程中，須時時考慮到對方的心理狀態，如與員工談話，則在衣著上應配合工作場所的環境，避免造成彼此心理上的鴻溝。若與高階管理人員會談，也應在穿著上和他們取得一致，以促進雙方彼此的認同。

這些形之於外的儀表，傳遞的是飯店顧問的態度，也反映出飯店顧問的內在素質。

飯店診斷與醫療上的診斷不同。在醫療作業上，受診者的被動成分比較高，絕大部分要靠醫生憑其專業知識來解決問題；而在飯店診斷的過程中，飯店的問題，必須要由飯店顧問和飯店成員共同來發掘和解決，因此，雙方在地位上，應該是平等的。

而在諮詢診斷過程的某些階段，尤其是在對服務流程的瞭解上，飯店顧問實際上是處於學習者的地位的。我們必須虛心地去請教和聆聽工作人員的經驗——一個人在某個工作職位上工作了若干年，其經驗中必有相當的可取之處——我們可以試著把理論和這些經驗結合在一起，來探討問題所在。

因此，這種學習態度必須是發自內心的，抱著這樣的態度，想獲得對方的信任與合作，應該是不難的。

2．選擇訪談場所的技巧

除了態度要注意外，訪談場所的選擇也是一個值得斟酌的問題。

　　訪談可以在遠離工作場所的地點進行，也可以在工作場所進行。這兩種做法各有利弊。在工作場所訪談的優點，是在訪談過程中，被訪談者可以隨時提供與工作有關的資料來輔助說明，缺點是可能影響其他同事工作，而且，因為有上級或同事在旁，受訪者不能暢所欲言。有時，在個別訪談過程中，其他人員不待邀請便自行加入討論，使個別訪談變成了座談會，會令原來的預期目的難以實現，訪談效果會打折扣。

　　在工作場所以外的地點訪談，其優缺點和在工作場所訪談，正好相反。

　　3．抽樣及記錄

　　諮詢訪談中的另一個實際問題，是工作人員的抽樣。由於飯店人員眾多，無法一一訪問，因此，不得不採用抽樣的方法。

　　這種抽樣，雖然不必嚴格地依照統計學的要求抽取樣本，但仍然要考慮樣本的代表性，抽樣範圍務必要覆蓋各部門、各層級人員。而且，在時間和經費許可的情況下，對同一職位應該抽樣選兩三人作為訪談的對象。因為每個人對自己工作的瞭解深度不同，工作的方法也未必一致，為了避免樣本因太少而造成的統計結論偏差，最好能多選取一些樣本，以相互參照，並由不同的角度與說法中，去認識這個職位的內涵。

　　訪談必須作書面記錄，以避免發生訊息的混淆與遺忘。由於訪談和記錄的工作一人不易同時進行，因此，最好能由兩位訪談員（飯店顧問）共同進行，並交替發問及記錄。

　　如果一人既提問，又同時記錄，則必須會減少思索被訪者答案的時間，既容易使訪談失去重點，又會讓訪談的主題脫離飯店顧問

的控制。

當然，兩位飯店顧問一起作訪談，則要求兩人之間協調配合與思路一致，這需要兩人事先溝通準備。

準備工作要做足

瞭解服務流程，需要與各層級的人作訪談，訪談時間又都相當長，因此，必須先擬好訪談對象名冊，以及訪談順序與計劃，並將這份計劃交給飯店有關負責人，經其認可後再實施，以使飯店內能對這些訪談儘量配合，並且，不致因為訪談而影響了正常服務業務的進行。

從這個角度看，具體的服務操作，如鋪床、擺桌、擦酒杯等的業務操作診斷，就相對簡單得多了。我們可以參照工作說明書，以一般客人的身分，加以觀察，便可以形成判斷了。

這類做法相當於「暗訪」或「明查」，後邊詳述。

二、服務流程

一點說明

上邊說過，每一個流程都不是孤立的，只是為使問題更加具體化，做起來更加方便，我們「勉強」將飯店總的流程，劃分為服務流程、協調、授權與參與、激勵與獎勵等內容，使包括決策與解決問題的流程等較為抽象的概念，更加具體化一些，以達到與飯店管理行為結合在一起的目的。

規範化與靈活性相適應

這是一個矛盾體，既然規範了，就要避免靈活，這是一般的理解。或許在西方人的思維裡，這是天經地義的。但市場的現實要求我們善於應變，即確保飯店處理業務的規範化程度與飯店市場環境的變化速度及飯店策略的彈性要求，互相適應。

當環境變化速度較快，或對策略上的彈性要求較高時，處理飯店業務的規範化程度宜低，以收必要時通權達變的效果。

於是，需要一個機制來處理這方面的問題，如成立飯店規範化小組，針對當期的問題，制定相應的政策，指導實際操作。

這樣，就能將靈活性置於規範的管理機制之下，確保飯店服務流程能在「方便」而不「隨便」的軌道上運行。

規範化小組（或其他）要有所作為

規範化小組（或其他）是否有所作為，要看對以下三個問題的回答：

1・是否經常探討飯店工作流程的合理性與必要性？

2・誰負責這項工作？

3・有無正式流程來描述這項工作？

飯店服務流程數量繁多，不可能全都合理而有效，因此，應該有人專職或專責從事各種服務流程的研究改進。

況且，過一段時間以後，飯店業務方面必須有所改變，因為市場在變化。此外，隨著員工的流動，飯店組織結構及人員素質也可能有所不同，因此，各種服務流程也需相應調整。

儘管一些固定的服務操作流程是要求依慣例進行的，但其中大部分原本是屬於「借用」或參酌其他流程而來的，所以，對其中不合理的部分，應主動加以改進。至少，應該有改進的願望，而不能迷信老傳統。

　　不少飯店制訂的服務流程三年不變，還有人喜歡將流程裝訂成冊，甚至作為教材出版，其實是一個很危險的信號，它宣揚了「不變」的觀念，應堅決摒棄。記住：規範是用於指導行動的，要執行，但作為管理者（規範化小組）而言，那更多的是需要不斷打破的。

員工是執行服務流程的主體

　　沒有員工參與的服務流程診斷，註定會失敗。那麼——

　　1．員工是否對與其有關的服務流程，都有相當程度的瞭解？

　　2．他們是否瞭解這些服務流程背後的理由與目的？

　　員工對服務流程背後的理由及目的的瞭解，不僅有助於他們掌握服務流程，而且還有助於他們提高應變力，並在工作中尋求改進的辦法。

　　以客人訂房單的處理為例，如果服務人員對其流程相當理解，便知道這個流程的重點在哪裡，通常不會出現大的紕漏。同時，他們也會思索若要達到同樣目的，是否能有一個「更便捷、更穩妥」的替代方法，這樣，服務人員就有可能發現並提出具有創意的改進意見。

量體裁衣

處理飯店業務的規範化程度，是否與員工的特性相適應？

這是一個很讓人不知道怎麼辦的問題，但同樣很重要，在流程診斷中不能迴避。

不同素質的員工，對「自由型管理」或「保守型管理」的偏好，有所不同。對受教育程度較高，智商高、經驗豐富，而且，深受家庭「非權威式環境」熏陶的員工，飯店或部門經理應推行規範化程度較低的管理辦法，「點到為止」，「積極鼓勵」，以符合他們的個性，這樣才可以使他們在一個「比較自由」的氣氛中，發揮創意與潛力。

反過來，對於文化程度不高、經驗較少的員工，則應強化規範，以確保他們「不犯錯誤」。這時候給他們太多的「自由選擇」可能害了他們。「保守型管理」看似死板，但可保證這一類型的員工服務達標。

這是量體裁衣的管理法。

當然，能否做好，首先取決於經理或主管本人的素質，飯店顧問要給予高度重視，並能因勢利導地引導他們進步。

公文發下，大家是否仔細閱讀

問清三個問題：

1‧飯店部門間的公文流程是否制度化？

2‧是否因不夠制度化而造成推動無力、無人負責的情況？

3‧是否存在公文發下來那一瞬間即成廢紙而無人問津的現象？

在大型飯店內部，上下級間事項的交辦以及平行部門間的協

調，需要正式公文往來，賓客訊息也需要透過正式的備忘錄傳達，政策文件也可以包括在這裡。

然而，我們常常發現：剃頭挑子一頭熱。公文「發出者」對公文滿懷期待，或至少認為自己完成了一件事，公文「核准人」也認為可行，甚至公文的「批准者」（通常是總經理）也簽了字，但終端「閱讀處理者」（通常是員工）卻並不認真，以至於直到出了問題才想起看公文。究其原因，是因為飯店缺乏一套處理公文的流程，即在草擬、核准、簽發之後，缺失了「催辦流程」，以至於拖延，進而影響整體的效率與效果。

飯店顧問在這裡應用「PDCA工具」展開工作，即可檢查出流程的哪個環節出了問題。「PDCA」分別代表「計劃」、「行動」、「確認」、「處理」四個環節。

哪個環節有問題，就集中力量解決哪個問題。

飯店可能因歷史悠久而產生服務流程僵化現象

歷史悠久的飯店，必然有一套辦事先例以及經驗法則，這雖然有助於工作的順利展開，但卻有時難免妨礙了創新的可能。加上飯店成員對其內外環境十分熟悉，更容易形成作風上的保守以及流程上的僵化。

我們可以深挖七個問題的潛在答案：

1．有沒有飯店近兩年來在服務流程上改進的實例？

2．如果有，有多少？

3．員工對服務流程是否知其然而不知其所以然？

4．有沒有流程培訓？

5 · 設計了員工自我修復的機制嗎？

6 · 有考核流程了沒有？

7 · 總體考核的成績如何？

透過檢查這些問題，飯店顧問即可推斷出飯店服務流程是否僵化以及僵化的程度，然後，提出「治療」方案。

服務流程規範化程度的設定

飯店顧問應充分關注各部門服務流程的規範化程度，考察其是否適應各自的工作環境。就是說，任何時候都不能認為越規範越好，或相反。

一般而言，在工作內容相對穩定的部門，如對客服務部門（職位）或財務部等，應強調一級管一級，即層級化程度宜高，服務流程也應更加規範且嚴謹。而在產品研發、公關、促銷等工作環境較不穩定的部門，制度則應比較寬鬆一些。

飯店顧問應從這個角度，注意服務流程有沒有因工作環境不同，而有適當的變化。比如，有些飯店要求公關銷售部人員必須著制服外出工作，有些則不然，恰說明了這種「靈活性」的必然。

三、協調狀況

部門之間的策略協調

飯店各部門之間，在策略上是否有足夠的協調性，非常重要。這是飯店業務的特殊性決定的。這個特殊性要求飯店比其他行業都

應更加注重業務流程和策略發展之間的匹配。這就需要規劃一個良好的協調流程，否則，就會出現各自為政的情形，甚至會在客源市場上自相競爭，如上午市場部人員剛剛拜訪過的客人，在下午又迎來了同一飯店的餐飲銷售人員。

策略上的協調，是所有協調工作中最重要，卻也最容易被忽視的工作之一。關注策略的協調性，飯店最高階管理人員理者責無旁貸。

作流程診斷時，飯店顧問發現這方面的問題並不困難，因為被調查人員大都會自然地提及，並大都會表明自己的態度。飯店顧問只需用心傾聽就好了。

會議協調與多方合作

飯店顧問要從以下兩個問題中做出關乎協調效率的判斷：

1．是否有很多決策必須在會議中解決？

2．是否有太多的事項，都需要由許多部門協調辦理？

我們非常清楚，飯店組織架構設計的目的之一，是依託良好的工作劃分，使每個人各司其職，儘量減少彼此協調的需要，流程設計自然為其重要一環。

一家飯店裡，如果會議太多，而且每次會議，總經理都非親自參加不可，否則就無法達到充分協調的目的，便可以說明該飯店責權分配不當，不僅顯示出協調方面潛伏著困難，而且也可能說明在組織架構方面有設計不當之處。

決策效率

決策效率的高低，也是反映飯店協調狀況的一個重要指標。一個決策是否能很快地制定發布，關鍵在於決策所需的訊息及權力是否能夠迅速獲得。

這個問題和上邊的問題類似。如果決策所需的訊息和權力都分散在各個部門，協調工作必然吃重，飯店運行的績效將因為對協調的需求過高，而受到不利的影響。

協調力度調整的三個方向

任何時候，協調力度都不能一概而論，「一刀切」的方法不適合。就是說，協調方式的選擇，以其能否適應飯店工作環境變化的速度，是否配合工作性質的要求並表現出適度的彈性而定，很關鍵。這裡，有三個方向可以參照：

1・一般而言，在業務內容相對穩定的環境中，部門間可依靠規範及其細則規定等來協調。

2・在較不穩定的環境中，就要靠計劃、備忘錄來協調。

3・在波動極大的工作環境中，協調唯有依賴相互的機動調整。

因此，協調方式的選擇，應視情況，謀定而後動。

負責協調的人員的地位及職權

有責無權的職位形同虛設，還可能因地位不足而使責任人過分承受了雙重壓力，造成身心俱疲的後果。

在傳統上，部門間的協調工作，由各部門的共同上級來負責。但有時，由於上級工作負荷太重，或所需協調事項的專業性太強，

協調工作可指定平行部門來負責，如飯店財務部雖與各部門平行，但財務事務通常都由這個部門來處理。

這裡的問題，是地位平行的協調者，應獲得專業授權，若無相應的職務及足夠影響力，則不僅無法順利完成協調工作，而且在協調過程中，會成為兩面不討好的角色，承受雙方的壓力。

如在餐廳中，讓服務員擔當廚師與客人之間的協調人，而服務員在餐廳中的地位不高，因此，常常承受雙邊壓力，而造成心理上的壓迫感。又如，飯店的不同服務過程，分別由不同部門來合作完成，即共同負責，於是，當有劣質服務發生並遭客人投訴時，就必須由各部門共同協力才可找出問題，而若這項協調工作由一向不受上級重視的某一個當事部門經理承擔，其在正式地位上與各服務部門平等，又缺乏額外賦予的影響力，協調工作自然難以順暢，這位經理也會因為「求人難」而在心理上感受到相當大的壓力。

這類情況比比皆是，但飯店經理身在其中，可能熟視無睹。因此，飯店顧問要承擔起這個責任。

四、授權及員工參與

誰來做決策

對飯店未來有重大影響的決策，是由高層管理部門制定嗎？對這個問題，大多數高階管理人員都會說「民主集中」或「高層決斷」，但實際情況可能不然。因此，飯店顧問應去瞭解高層管理者在授權上的具體做法，以及他們在決定某一事件應授權到怎樣程度的考慮標準。

充分授權固然有助於提高士氣，但高級管理人員必須能明辨各

種決策的輕重緩急，以作為應否授權的標準。

有時，高層人士沒有認識到某些決策的重要性，而未主動地去制定這些決策，也等於一種不當的授權。

部門經理與員工應共同瞭解每一項決策的授權程度

主管經理對下屬有三種不同程度的授權：

1．研究型授權

「去瞭解問題，把事實資料報告給我，然後，由我來作決定。」

2．報告型授權

「讓我知道你在做什麼，待我同意後再開始行動。」

3．徹底授權

「採取行動，沒有必要和我做進一步的聯繫。」

考察一下，飯店上級與部屬之間所稱的「這次授權」，究竟是哪一種？何為「這次授權」？因為授權的方式必須由每項決策的性質而定。但無論何種方式，有一點是共同的，即上下級之間必須對這次授權的程度作溝通，方不致因為雙方的理解不同，而造成授權上的失敗。

飯店應有明確的政策來輔助授權行為的實現

在許多飯店中，授權不成功的原因，是缺乏明確的行動指導原則來給部下作參考準則，因此，必須時時請示，等於沒有授權。這

時要分析出現這種狀況的原因，是上級的工作習慣？是下屬不願意承擔責任？是雙方沒有把話說清楚？是執行過程中遇到了阻力？原因不同，解決的方式自然不同。

或在執行上發生嚴重偏差，等於錯誤授權。這時，也要分析原因，是執行者剛愎自用？是授權方式選擇的失誤？抑或是執行者故意？糊塗？

在諮詢時，對飯店既有的政策及決策流程的瞭解，可以幫助飯店顧問判定是否有這樣的問題存在。

這也強調了飯店文化的作用。

授權不是放任

授權不是放任，包括局部的放任都不允許。因此，在授權之前，上級應給部屬以適當的接受培訓及試辦的期間，同時，明確授權是針對結果，還是針對行動本身。

針對結果授權，是指部下瞭解上級所要求的目標，然後，自行決定行事的方法。

針對行動授權，則未明確說明特別的目的，以及這個目的與整個飯店目標體系的關係，僅賦予部下採取某一行動的自由。

如果飯店中的授權多半屬於後者，而未強調目標，則授權的效果必然大受影響。

飯店工作氛圍

主管經理會不會因為恐懼失去其地位、權威、作用，而在心理上抗拒授權？是否所有的工作都有人負責？能否在事先無法知道所

有工作（和決策）的項目的情況下，即能主動負責並協調？

對這三個問題的考察，將回答飯店工作氛圍的問題。而工作氛圍，不僅決定了工作效率，而且影響了服務效果。

飯店要完成其使命，要做許多工作，一般採取完全授權的模式（可能並不說明確），即這些工作全都有人負責，每人都有責任。

但在較動態的經營環境裡，大多數情況下，員工事先無法得知將來有哪些工作，包括管理人員在內，都無法明確接下來將發布哪些決策，這種情況下，完全授權的效果將受到制約。因此，必須培養員工主動負責與主動協調的精神，即採取報告型或研究型授權的模式。

也有時候，我們考察到的授權模式具有混合性特點：有時這樣，有時那樣。其實不然，那可能是我們的工作還不夠細緻，誤把一個週期當做一件事來考察了。

這就涉及到飯店文化的問題：飯店的管理者是否抱持開放的態度？有沒有一個融洽的工作環境？大家能否很開心地做事？

倘若做不到開放、融洽、開心，則上述的授權模式將很被動，員工們將在動態的環境下，仍維持一切照章行事的面孔，對上級未明文指示者概不受理。如此，則飯店將很難圓滿完成層出不窮的新的工作任務。

許多飯店在市場結構改變而必須面對競爭時，反應遲緩，往往就是這個問題造成的。

從群眾中來，到群眾中去

飯店的改革事項與做法，是否為員工理解、接受乃至於參與，是飯店顧問必須考察的又一個重要環節。

這是因為飯店內的任何變革，都會影響到員工利益，而且，改革舉措還需要透過員工去完成。

有些飯店，重要行動的決策完全由上級決定，然後，未加解釋即行交辦，往往引起員工心中的疑懼，而且，由於對事情的本末未能瞭解，在執行上難免有掛一漏萬之處，同時，心理承諾的願望也比較低。

因此，要注意把握「從群眾中來，到群眾中去」的基本工作原則。

五、激勵

激勵制度與飯店目標相一致

飯店的激勵制度，是一個重要的引導工具，因此，能否有效地將員工的努力導向飯店目標，這個制度將發揮重要作用。

例如，飯店目前著力推廣西餐點心，則執行該項產品銷售的員工獎金，就可以高過銷售其他產品的人員；飯店若想開發某一類客源市場，也可以在獎金制度上予以差別化。這就是將激勵制度與飯店目標相結合。但有些飯店在制定銷售獎金時，未能考慮成本及利潤，因此，出現了一味追求銷售量而未顧及獲利率的問題，即激勵制度與飯店目標之間存有矛盾。

此外，飯店目標有時會改變，因此，激勵制度也應該隨之調整，唯有如此，上級的目標才有可能落實，才叫做管理。

很多飯店都不喜歡調整制度，並稱之為「維護制度的嚴肅性」，其實是可笑的。

激勵應與控制取得平衡

控制，即針對授權效果進行管理。其中最基礎的一項工作，是訊息反饋。「PDCA」這個關於控制的循環模式，其所依據的，就是訊息。激勵，則是針對完成工作任務情況的處理，或獎或罰。其所依據的，也是訊息反饋。因此，這些訊息反饋的管道、方式、時間、頻率、準確性等至關重要，如此，才能收到相輔相成的效果。

反過來，如果大家各行其是，沒有「PDCA」，沒有訊息反饋的配套政策，則在執行上將因缺乏數據支持而致無的放矢。如此，則不僅失去激勵效果，甚至取得反效果，因為激勵錯一個人的代價，遠遠高於批評錯一個人。

如果還需另以高成本來收集所需數據，則在成本和效益上就會失衡，造成事倍功半的結果。因此，控制與激勵政策應是一體，應從訊息反饋的角度，取得有效平衡。

誰決定員工的升遷

每一位員工或基層管理人員的直接上級的評估，能否影響該下屬的升遷及獎金？還是一切都要由最高階管理人員理層決定？

這既是激勵政策的問題，也是飯店管理風氣問題。

韓非子認為，君主必須掌握刑罰與獎賞這「二柄」，才能統馭臣下。許多飯店高層管理者瞭解這一點，所以，把對員工的獎懲權全部保留在自己手裡。殊不知，這樣一來，就嚴重減弱了基層主管的影響力。

一般而言，員工對董事長或總經理的向心力及服從性都很高，但對直屬上司的指令卻常常表示懷疑，或者違背，或者毫不重視，

從而使飯店組織的力量無從發揮。這是在家族性飯店中常見的現象。這種做法，除了使組織力量無從發揮外，對基層主管的士氣也會產生不小的打擊。

飯店管理高層應刻意強化下屬管理層級的權威性。

員工晉級制度

員工晉級制度關乎員工的切身利益，所以，應是飯店的核心政策之一。對此的考察，應關注到三個根本問題：

1．飯店是否根據對目標的貢獻來獎酬員工？

2．飯店對特殊專業人才的薪酬，是否因為要與本飯店內的薪資水平（標準體系）看齊，而失去了在人才市場上的競爭力？

3．飯店專業人才的升遷機會是否太少，以至於許多專業人才寧可放棄其專業領域，而轉入行政體系，以獲得升遷的機會及社會地位？

飯店缺乏合適的管理人才，是目前全國性的大問題。過去，專業人才發揮能力空間小，相對貢獻也不大，因此，其職位升遷機會不多，升遷的上限也比較低。現在，雖然情況發生了較大變化，但專業人才升遷到某一層級後，轉入行政體系仍被認為是極其自然的事。

其實不然，飯店專業技術複雜性在增加，這就要求專業人才長期潛心於其專業領域中，也唯有如此才能發揮其專業影響力。為解決對專業人才的激勵問題，飯店必須為這類人才設計一個新的升遷途徑，使他們的要求獲得滿足。技術與行政雙軌制同步晉升制度，可能是一個很好的解決方案，如網路部可能僅有一位員工，但他可以成為一位技術經理，並享受行政經理的待遇，從而實現同步晉

升。

當然，仍有不少飯店，由於粗糙的行政晉升制度的限制，使專業人才不安於位，管理技術因而無法生根，影響了整體的進步。

激勵政策對員工的影響力如何

激勵政策對員工的影響力如何，要透過以下五個問題得出答案：

1. 員工的努力程度，對其本身的利益，如升遷、獎金等，是否有直接影響？

2. 有無適當的獎懲制度？

3. 獎懲對員工行為的影響力有多大？

4. 飯店對員工賞罰的限度是怎樣的？

5. 獎懲制度是否依據飯店成長階段而有適當的調整？

當然，答出這五個問題要作很多考察，而其中最重要的，是要分析在飯店發展的不同階段，其獎懲制度是否有不同的應對，而非一成不變。

在飯店起步期（第一階段），中小飯店的獎懲應為非正式的、個人的、主管的，目的在於維持其控制，並將小部分資源分給重要功臣作為激勵。在發展期（第二階段），獎懲制度就應較為結構化，獎懲通常是基於雙方所同意的政策，而不是憑藉個人的意見或關係來進行。到了成熟期（第三階段），獎懲制度應更為確定，絕不致因人而異。因此，當飯店不斷成長，不斷升級時，獎懲制度也應該跟著逐漸制度化。

而這一切努力，都在於保障激勵政策（制度）對每一位員工都

發揮影響力，並能（透過理性的調整）持續保持影響力，至少應確保它不是可有可無的。

激勵制度應有助於部門間協調

很多時候，激勵制度中的獎金政策可能會造成部門間的失調，因為出現了部門之間的比較與競爭。因此，飯店顧問必須弄清：

1．獎金制度是否促成了各部門間努力目標的差異，甚至於互相背反？

2．飯店部門間有無因獎金分配不均而發生衝突？

比如，營業人員以銷售業績為獎勵依據，而財會部門以壞帳比率為考核標準。這樣一來，二者的目標就會發生矛盾，彼此在心態上也可能發生衝突。

又如，營業人員以銷售量為目標，而對服務部門則以服務品質與效率為考核標準。在此情形下，營業部門可能為了增加銷售量而滿負荷接單，甚至超負荷接受會議訂單，這必然影響服務品質與效率，使服務人員的獎金受影響，並產生多接不如少接的心態。

兩個部門之間的矛盾（主要是心理矛盾）也就自然產生了，並最終影響到團隊合作。

飯店顧問必須發現這其中的問題，並提出調整建議。一些飯店集團實施賓客滿意度調查，並設立對整個飯店而非個別部門的獎罰標準，還有些飯店把營銷人員的業績考核部分地與服務部門掛鉤，都是為了避免部門之間出現協調困難的問題。

激勵制度應有助於強化團隊意識

問清兩個問題：

1．激勵或獎金制度是否過分強調個人之間的競爭，並因而打擊士氣，影響團隊合作？

2．工作性質及工作要求是否有足夠的挑戰性，以激發員工內在成就感的需求，並獲得這方面的滿足？

有些飯店實施營銷員個人指標考績制度，結果造成員工之間為爭奪客源而背心離德，營銷部變成了「個體戶」部門。

另一些飯店則實施部門整體考核制度，避免了上述問題，同時又透過評優秀員工的活動，使個別業績拔尖人員受到激勵。

還有些飯店實施交叉激勵，如對營業部考核，客房收入占其考核指標的70%，宴會收入占30%，從而避免了部門業務方向可能出現的偏頗。

此外，還要注意全員心態的調整，增加大家的共同關注點。這就要求每一位上級都應該是下級的激勵者，而且，對員工的激勵方法，當不限於獎金與升遷，如賦予員工具有挑戰性的工作，認可員工完成的工作等，也是重要的激勵手段。

總之，缺乏正向激勵的飯店，往往也可能是生產力比較低下的飯店。

第八章 對話與控制

一、飯店對話

對話，無處不在

飯店營運必須建立在良好溝通的基礎之上。溝通的實質，是對話。而實現對話，必須有對等的平臺。

鍋爐和鮮花很難對話，因為不在一個平臺上，鍋爐跟柴油、柴油車、油庫等就能說到一起來了。話雖如此，如果有人力介入，則鮮花與鍋爐的對話也是可能的，如在鍋爐投入使用時舉行一個開工儀式，要用鮮花布置會場。

飯店總經理與基層員工的對話很難成立，但如果有一個「總經理接待日」，或設立一個信箱，或總經理開放網路討論，則對話將順水推舟。因此，飯店政策的本質，就是一種對話平臺，其內容所宣示的，則是對話機制。

電腦的桌面設計很講究「人機對話」氛圍，要建設「人性化平臺」。

飯店裡的人跟餐桌也要對話，否則就不成服務。怎樣對話？於是有椅子、餐巾、料碟、水杯等等，讓你一目瞭然，你知道它們在說「請坐，準備享受美餐」。到底美不美？於是菜單告訴你「很美」。都是對話。

在客房裡也一樣，熱水壺在茶几上，壺身上有一個紙帖，寫著「出水口熱，小心」。男洗手間牆面上掛著一幅畫，是讓客人站在那裡對話的，反過來的牆面上鑲著一面鏡子，也是對話，免得人空對空牆。還有寫字桌上的布置，要與靠椅上的客人有對話，而如果椅子靠牆，則可以在牆上鑲一面鏡子，以便寫字累了的客人回頭時面對的不是牆，而是鏡子裡的自己。

日本航空公司的空姐為乘客服務時，首先是用托盤端茶水，向每一位客人問候、送水，用完了再回前艙托出來，如是者不下幾十遍，為什麼？是要完成對話。一一對話。對話就是服務。

很多客人的投訴，都是因為沒有對話造成的。比如在餐裡吃到一根頭髮，如果身邊有服務員不斷慇勤地服務，發現了問題，自然會妥善處理，反之，身邊沒有服務員，發現問題卻沒有對話，只好生氣，等見到服務員時，已火冒三丈了。

這些，都是對話。對話可以是嘴巴的（語言），也可以是眼睛的（視覺）、鼻子的（嗅覺）、耳朵的（聽覺）、舌頭的（味覺）、手指的（觸覺）、情緒的。對話無所不在。

對話與控制

對話，是為了處理飯店內的種種訊息。對話流程的管理，是飯店管理的重要內容。

也許，飯店對話的流程，在表現形式上不如一般服務流程那麼

具體，但它卻貫穿飯店所有服務流程的所有環節，幾乎無處不在。其中，相互關聯度最高的，應該是管理控制流程，因為後者所依賴的是充分的訊息反饋，而對話本身就是訊息傳遞以及對訊息的處理。

「熟視無睹」現象及其原因

飯店的外部環境與內部的營運，每天都有新的發展，而這些新情況對飯店可能會有重大的影響。因此，飯店各級決策者，必須時時掌握這些新動向，也只有這樣，才能制定出合乎理性的決策。而即使是一般員工，在對客服務時，也要時時面臨著作決策。為此，飯店的各層級員工對內外部的變動也要時刻留意，做個有心人。

「關注環境的變化」，這一點，所有人都明白，但卻不是所有人都能做到的。因而，飯店顧問極有必要仔細考察：是不是在員工中存在一種叫做「熟視無睹」的現象？他們是否對內外部的各種變化表現得漠不關心？一些問題直到被飯店顧問指出，才說「噢，原來如此」。

這種現象的成因大致可以分為三方面：

1‧市場或業主等外界的壓力不足，飯店管理者對一切都不覺痛癢。

2‧員工素質低下，麻木而不能自覺。

3‧飯店的對話流程設計有缺欠，有礙於大家發現新情況，或積極反饋新發現。

之所以要重視這個問題，是因為我們已經發現，凡對發生在內外的各種新情況漠不關心的飯店，通常，對話敏感性甚低，而其整體的業績，也多不樂觀。

對話敏感性（1）：員工與管理部門

具有對話敏感性，表現為飯店各級員工都關注對話，並時時能透過對話，實現精神上的、情緒上的、業務上的、管理上的互動，達成自我激勵、解決實際問題的效果。

對話敏感性的高低，首先，可以透過員工與行政部門之間的對話狀態——員工對本飯店高層級制定的目標、政策方向等方面的構想是否瞭解來判斷。比如：

1‧員工能否很快知道飯店在這些方面的新訊息？

2‧員工以什麼方式來獲得這些訊息？

3‧他們是否積極主動地去瞭解這些事？

4‧他們是否認識到上級在這些方面的做法和決定，會影響到他們的個人工作和個人決策？

5‧各級員工是否能根據上層的決策、飯店的目標，來調整他們個人的決策和行動？

考察並解決這五方面存在的問題，旨在奠定（或重新奠定）飯店的對話平臺，從而，在瞭解整個飯店管理現狀的基礎上，解決飯店的最基本問題。

飯店的對話平臺較之一般商業組織，有一個比較特別的地方，就是幾乎每一個服務作業都有時間和空間的分散性，如「三班」或「四班」制度導致同一職位員工很難實現面對面的對話，又如不能「串崗」的規定，又導致同一時間在值班的不同部門員工難以面對面交流，進而形成高階管理人員員工對基層員工對話的阻隔。

飯店成員對這樣的現實，大都習以為常，因此，飯店顧問應以局外人的角度，研究飯店管理層對員工的工作心態、想法等是否關

心，是否瞭解，是如何去瞭解的，瞭解以後採取過什麼行動，等等。然後，由這些問題的答案，推測出管理者對員工方面的訊息所具有的敏感性。

對話敏感性（2）：上下級之間

直接上級和下屬之間雖然距離很近，但二者間的對話也一樣存在問題。而大部分起因在於上級的對話意識：有沒有把對話放在日常工作最重要的位置上，並形成習慣？

一些飯店設立員工懇談制度，或提出對話指標的要求，但結果往往只能治標，不能治本。因為對話是要用心去做的，否則，極易淪為形式主義，自欺欺人。所以，應考察飯店經理對對話的認識以及能否做到「隨時、隨地、隨人、隨事」，自然而然地進行。

一般而言，如果彼此所掌握的訊息可以互相交流，則對正在進行的工作以及所面臨的問題，就較容易達成共識，而這個共識，對團隊精神的發揮，有極大助益。

反之，如果彼此之間漠不關心，整體的力量就無從發揮了。

對話敏感性（3）：部門與部門

在傳統的商業模式中，協調各部門的運行，主要是上級經理或總監的責任，但在時時處於動態經營環境裡的飯店，單靠上級的協調是不夠的，必須由各個部門「自動自發」地去瞭解彼此的情況，自行協調，才能奏效。

在這種情形下，部門間的對話就變得非常重要，而彼此的對話敏感性也必須維持在一個相當高的水準上。

部門間的對話敏感性，在動態環境中，或在按不同功能組建的飯店組織架構中，是特別重要的。因為在動態的經營環境下，部門間的非例行性聯繫比較多，需要自動自發的精神。而在功能式的組織架構中，各部門之間的相互依賴性比較大，因此，協調與對話就相當重要了，換言之，飯店的各部門必須形成一個主體，才能發揮作用。

　　我們通常稱這個敏感性，為「團隊意識」或「團隊精神」。

　　因此，飯店顧問要去考察部門之間的對話狀態，以探察飯店的團隊狀況，為對話與控制流程的診斷提供基礎訊息。在這個過程中，我們能發現飯店團隊是否曾主動地提供過為其他部門所需的訊息？有無部門間定期協調會議制度？執行狀況好嗎？有無部門間互相聯繫的公文？內容是什麼？出現問題怎樣解決的？結果如何？等等，這些都很有價值。

對話敏感性（4）：飯店與外界

　　如上三者，或員工與行政部門之間，或直屬上下級之間，或部門與部門之間，都可以涵蓋在飯店內部對話（訊息流通）的層面。內部對話當然重要，但對飯店更重要的訊息，則來自外界，並深刻地影響了內部對話。

　　客源市場的起伏，餐飲原資料價格的跌宕，勞動力供需關係的變化，競爭對象的新攻勢，乃至於經濟、立法、科技等種種新的發展趨勢，都會影響到我們這個行業的基本運行。而對這方面的認知，不僅飯店最高階管理人員理及計劃部門要關注，每一位基層員工，也都應高度關注。因為飯店各級員工都要做決策，而決策的依據，除了上級的政策、指示之外，更多的還要自己判斷，而判斷正確與否，一大半繫於對「各種情況」的瞭解，即能否實現真正意義

上的對話。

因此，飯店成員對外界環境的瞭解與認知，有助於每個人的服務判斷，而只有人人都能認識到本飯店目前及未來的壓力和處境，大家才會同心協力，化解部門間因本位主義而造成的種種隔閡，為一個共同的、更高層次的目標去努力。

在這裡，如何設法使飯店員工不斷地以開闊胸襟提高對外界認知的深度，是管理者的一項重大任務。

對話敏感性（5）：基於知識的對話

廣義的對話尚應包括知識。

在這個知識爆炸、各種科技與管理成果的發展一日千里的網路時代，學習新知識的重要性，自不待言。

可事實上，許多飯店中的絕大多數的員工，都遠離了新知識發展的潮流，而是處在訊息孤島上，其學識方面的水準，甚至永遠停留在當初離開學校走進飯店的層次上，甚至有了退步。他們所知道的，只是如何去辦理職責內的事務以及與其有關的各種條文規章，對其他知識，一律不聞不問。

這種現象，對飯店的發展非常不利。飯店顧問應在推動知識對話方面要有所貢獻，特別要弄清如下三個問題：

1·飯店各級成員對各方面新知識涉獵的程度如何？

2·他們獲取新知識的來源是哪裡？

3·他們在工作中恰當地應用了新知識嗎？

更進一步說，求知及運用新知，應不只是個人的事，而應是整個飯店的事。探討知識對話，更應該是研究飯店作為一個組織採取

了什麼具體行動來幫助員工接觸到新知識的大問題，或至少關係到飯店培訓部在其中發揮了怎樣作用，飯店能否成為一個學習型組織的問題。

二、對話流程

訊息的「投入」與「產出」應平衡

除考察飯店員工對各種對話的認知以外，我們還可以由更客觀、具體的角度，來觀察和評估飯店實現各種對話的流程，以及流程的應用狀況。

這個流程涵蓋在各個部門傳遞出去的訊息與接收到的訊息，我們稱之為「訊息投入」與「訊息產出」。良好的對話狀態，應該是「投入」與「產出」相平衡的。

飯店顧問可以由訊息的種類、數量、頻率、方式等，系統地去瞭解飯店對話的實際情況。

訊息投入

每一個部門，為了業務上的需要，必然會接受各種訊息，這些訊息，可能是上級的指令，也可能是其他管理部門送來的統計分析，也可能是下級班組的報告，還有客人投訴。因此，飯店顧問首先要做的，就是去分析那些記錄（如果有的話），並回答好以下十二個問題：

1・部門究竟接收了哪些重要的和次要的訊息？

2・這些訊息在性質上，可以分為哪些類別？

3‧它們分別來自何處？

4‧這些訊息對本部門中哪幾個人發生重要影響？

5‧它們對哪些業務發生影響？

6‧它們發揮了怎樣的影響？

7‧這些訊息在數量上如何？

8‧傳達方式是用口頭的還是書面的？

9‧傳達的規範化程度如何？

10‧有無正式的檔案管理系統來留存這些訊息？

11‧訊息的傳達在時間上是否有規律？

12‧如果是定期獲得訊息，則每次間隔時間有多長？

訊息產出

訊息產出方面的情形與訊息投入大致一樣。

不過，當一個部門不僅是訊息的接受者與使用者，同時，也是訊息產生者與傳達者時，飯店顧問除了考察前述有關訊息種類、數量、傳達方式以及頻率因素之外，還應進一步瞭解以下三個問題：

1‧此部門所產生的訊息，是根據什麼原則來選擇傳達對象的？

2‧是根據什麼原則來選擇欲傳達的內容的？

3‧此部門有無配合對方部門的需要，而決定訊息表達的方式及傳送的時間？

對話流程及其複雜化傾向

許多飯店，尤其是大型飯店營運上發生的問題，往往就起因於對話流程設計有問題，或傳達者應用流程的技巧、責任心出了問題。

例如，飯店營銷員工無法及時獲得前臺、客房業務部門在服務上的業績分析報告以及客人意見等，從而造成促銷工作與實際的市場需求的脫節。這很可能是對話流程設計有問題，如飯店要求直接將客人意見報告送總經理審閱，而總經理的通報可能限於經理閱讀，而營銷員工看不到報告，除非經理悉數傳達。

又如，一線服務部門未將接待計劃中與人力需求有關的部分及時通知人事部門，造成服務人力不濟和人事部門的困擾，則可能是執行流程的人的問題：忘記了，或只考慮本位的事，而忽略了對後臺支持的要求等等。

這類問題，說起來永遠是簡單的，無非「訊息投入部門的員工未能主動向需要訊息來進行決策的部門提供其所需資料」罷了，但正是因此，操作起來卻永遠有「那麼一點點」困難，究其原因，人的因素太難以把握了，包括缺乏主動協調意願，還有飯店中未能建立起合理的對話機制——流程，更為嚴重的是這個流程將面對操作者的理解、情緒、個人想法等諸般變數，於是複雜化了。

不過，由繁入簡，正該是飯店顧問的拿手好戲，因此，必可以從中發現問題的問題，並推進整改。而在這方面的改進，也必然能收到立竿見影、有助全局良性發展的效果。

政策文件、執行細則與執行者

飯店對話的成敗，除上述因素外，還應關注另一個重要的議題：飯店政策、執行細則與執行者之間的對話。

不少經理苦惱：大家千辛萬苦制定出來的書面政策及操作細則，往往不到三個月，就成了廢紙，而即使在開始，它充其量也只不過是一個文件而已。言下之意，如果沒有適當而持續的對話，它不會自動在飯店營運中發揮作用。

因此，飯店顧問不僅應該觀察飯店各項政策文件，還應關注文件與執行細則之間的對話，更應關注文件、細則與執行者之間的對話，這樣才能全面地瞭解飯店對話的實況。當然，這裡還包括一些臨時性的指令。具體而言，就是：

1．文件、細則是如何傳達的？

2．各級員工對這些政策、細則是否瞭解？

3．這種瞭解對他們的行動與決策是否有具體的影響？等等。

「專題」調查研究報告

當飯店走上正軌，按照「PDCA」的規則，應不斷有相應的調查研究報告提出來，作為階段性的小結或啟動下個行動的提案。這些調查研究報告，可由飯店內部員工撰寫，也可委託外界專業人士來進行。研究的內容，可包括飯店市場預測、服務技術改善、人事制度、未來發展策略等極為寬泛的主題。常用的內容有部門或飯店的月度、季度、年度總結報告、計劃報告、預算報告等。

但在這裡更應強調「專題」報告，不少飯店可能一份都找不到，因為根本沒有做這件事。這種情形必須改變。作專題調查研究報告，是員工自我學習、提升的一個手段。也只有員工們的能力提升了，飯店業績才會提升。

飯店顧問應仔細閱讀這些報告，從中一定能獲得非常有價值的資料。它除了幫助我們對此飯店有所瞭解外，還可以顯示出飯店對

哪個方面的發展是特別重視的，同時，對飯店成員的素質，也可有一個深刻的瞭解。

基於對話的立場，飯店顧問的分析可以圍繞以下十個問題：

1・報告的數量和品質如何？

2・研究的主題與飯店的關鍵問題是否有關？

3・這些研究是誰發起的？

4・為什麼要發起這些研究？

5・研究的結果有無應用？

6・對飯店決策發生了哪些具體的影響？

7・各部門之間是否瞭解彼此曾進行了哪些研究？

8・調查研究報告有無傳閱？

9・歷年的調查研究報告有無存檔案備用？

10・各個專題研究的結果有無產生綜合效應？

對話流程不能孤立存在

以上，我們羅列了飯店對話的內容及對話流程的診斷方向，這並不是說對話流程是獨立存在的，它必須與決策流程保持著密切的聯繫。

事實上，飯店裡的所有問題，都不能截然分開，那種看似涇渭分明的分工態度，其實是不符合飯店工作特性要求的，甚至可能造成分化飯店團隊的副作用，要警惕簡單的二分法。

因此，飯店顧問在進行諮詢與診斷時，也不應一件一件事單獨來進行，而應是合在一起去收集資料，提出解決方案。至於本書的

章節區分，只是出於論述的方便，而將主要脈絡展示給讀者。

三、對話實況

開放員工與外界的接觸管道

飯店是否鼓勵員工在不違反店規店紀的前提下，與外界接觸，以吸收新的想法、做法呢？

這是一個重要問題，是與否之間，將決定員工的工作視野。或有人擔心，員工經常接觸外界，會影響到本飯店中心規範的穩定性，乃至增加員工跳槽的可能性。這確是許多保守的飯店經理所不願見到的。

但反過來想，與外界接觸可以增加飯店組織的活力，而缺乏活力的組織，是很難健康而朝氣蓬勃地生存下去的。

因此，經理們的心態首先應開放，對於那些不利點，加以注意或制約就是了。「嚴防死守」的做法是不可取的。

對外界變化要有反應機制

飯店對外界變化是否能夠及時應對，飯店顧問可考察兩點：

1．飯店有沒有建立一個適當的外部環境觀察機制，以隨時瞭解外界的新機會與新威脅？

2．在發覺外界環境的某項因素發生變化，而有必要做進一步調查研究時，飯店是否在組織上和流程上，能提供政策與措施的保障，以支持迅速展開這項工作？

通常，飯店的與外界必然要發生聯繫的人員，包括部門經理，尤其是營銷、市場企劃、餐飲、酒吧等服務部門的專業員工，都能感覺到環境的變化，但很多時候，他們充其量只能感知到問題的存在，而無法對問題做較深入的瞭解。

因此，飯店顧問應推動飯店提供適當的方式或設計，即建立訊息反饋機制，以迅速地將觀察到的訊息進行進一步分析研究，得出基本結論，供決策者參考。

重點應放在市場營銷、公關企劃、採購供應、人力資源四個部門上。

對員工開放發表

作為組織設計與管理者，飯店部門經理大都希望自己下屬的問題到此為止，在自己手裡小事化了、大事化小，以避免出現不必要的「混亂」。因此，飯店組織也在其運作原則中明確「一個員工只有一個上級」。當然，大部分飯店同時制訂了「上達天聽」的突破口，即規定「上級可以越級檢查，不能越級指揮；下級可以越級申訴，不能越級報告」。

儘管如此，這還是限制了員工的發表。畢竟，東方人是含蓄的，非萬不得已不會突破發表界限。因此，飯店顧問應仔細考察這個問題的實際狀況：

1‧飯店內發表是否真的開放了？還是形同虛設？

2‧有無在組織規則之下的對話機制？

3‧對新建議和新構想的審核、評估，是集中的還是分散的？

4‧員工提出的新構想，能否傳達到權力核心人士？

5‧員工的建議發揮了怎樣的作用？

6‧這樣的實際案例有多少？

總之，對員工的發表是否開放，取決於飯店能否建立起一個開放的環境，令員工同樣具備一個開放的心態。心不開放，一切開放都是假的。而這裡，各級審核者的態度影響甚大。

訊息收集與反饋體系

重點解決兩個問題：

1‧飯店有沒有建立起一個系統地收集有關飯店「健康狀況」訊息的體系？

2‧內部訊息的反饋，能否及時傳達到適當的層級或具體對象？

飯店的「健康狀況」，通常以飯店營運績效指標來表示，如住房率、投資回報率、員工流動率、客人投訴率、員工滿意度、賓客滿意度、成本率、費用率、存貨周轉率、應收款回收狀況等。這些，都應有一個一一對應的訊息收集管道與流程。

同時，要有定期檢查這些指標完成情況的制度，再加上執行者的執行力，最後回歸建立具體執行結果的檔案。

如上四個關鍵點，一個都不能少。

前邊講過，飯店在控制方面常常出現的一個失誤，就是未能及時將可以藉以改正行動的訊息，傳達給可以採取行動的人。

例如，服務品質問題的反饋，往往只讓高階管理人員員工用作對下級的評估，卻未及時報告給在現場負責的中基層管理員工，而實際作服務的員工甚至根本得不到任何反饋。這樣一來，雖然上級

221

可以瞭解基層現狀，但卻於事無補，無法及時採取補救的行動。

　　飯店顧問可以透過暗訪加明查的手段，來發現訊息收集與反饋體系是否在發揮作用。

好的飯店管理，應善於挖掘問題

　　發現一個問題的存在，可能需要綜合好幾方面的訊息。如果有關一件事的訊息分散在不同的部門，則飯店管理組織就很難迅速注意到問題的存在。例如，在按功能劃分的飯店組織裡，某項服務項目的獲利能力是否低下，常常不易被發現，因為收益訊息在營業部門，而成本訊息在一線服務部門。或如飯店實施多元化經營，則產品品類眾多，此時，倘若缺乏「專門的」訊息分析系統的支持，則獲利能力低的產品很難被發現。

　　為此，飯店顧問應幫助飯店建立、完善一一對應的訊息反饋體系，以迅速挖掘問題。如果每位基層經理都能在顧及營銷的同時又能關注到成本，那麼，任何一項產品獲利能力的變動，就都會被發現，且能建立起日常性的業務危機預警系統。

　　善於主動發掘問題，而非等待問題出現之後再行被動處理，恰是好的飯店管理的重要標示之一。

利用網路的對話應「恰到好處」

　　訊息氾濫是飯店對話面臨的又一個問題，尤其在實施電腦網路化以後，很多訊息的處理都依賴電腦，而且，非常容易因設計不當，或取數不當，而誤導飯店決策者。因此，飯店顧問在進行諮詢時，應從全面管理的角度分析問題，斷不可迷信電腦系統及其數據訊息。

一方面，若發現數據的流量相當充分時，飯店顧問應仔細請教各級經理，考察他們對手邊的這些資料是如何應用的。這樣，不僅可以指出訊息的流通是否過密，是否有誤，而且，也可以對各級員工的決策方式及決策能力，做一全面的瞭解。

　　另一方面，還要考察經理們關注網路中的哪些訊息，哪些報告是根據網路訊息編制的，再反過來瀏覽網上訊息，進行判斷。

　　日常工作所需要的訊息，如當地市場、飯店服務品質、各部門管理問題等訊息，是一定要到現場，從客戶、員工那裡親耳聽聞，才有意義的。因此，要特別警惕虛假訊息的侵蝕，更不能容忍編造虛假訊息。過去，曾有人根據網路現成的市場分析報告，結合手頭有限的數據，直接把人家的結論變成自己的結論，提交給飯店決策者，還博得了喝彩。這不僅是徹頭徹尾的弄虛作假，自欺欺人，而且會帶來非常嚴重的後果。飯店顧問應有能力發現這樣的問題。

　　同時，若發現訊息流量不足，如方向、手段、技術不能滿足經營管理的需要時，也應及時採取行動，提出整改建議。

　　總之，利用網路對話，要恰到好處，要與親力親為結合起來。因此，以下各問題對於判斷網路對話的尺度很有借鑑價值：

　　1．飯店對話流程，是否與決策流程結合得起來，且相得益彰？

　　2．訊息的時效性與形式，能否配合決策的需要？

　　3．有決策權責的人，是否能得到必要的訊息？

　　4．與決策無關的人，是否獲得了他不需要的訊息？

　　5．與決策無關的訊息，是否也在大量流通？

關於對話平臺的三個問題

認真考察以下三個問題：

1．飯店促銷、現場服務、菜品加工、飯店產品企劃、研發等部門之間，有沒有規範的途徑（平臺）來交換訊息（對話）？

2．若其他部門主動提供及時而有價值的訊息，飯店有無適當的獎勵辦法（另一個層面的對話）？

3．飯店內的非正式組織（私下結成的圈子）能否承擔起對話的功能，並發揮了積極作用？

如果三個問題答案都是肯定的，則標示該飯店已經建立起了一個較完善的對話平臺，反之，則需重新校正。

道理很簡單。比如，在以團隊客人為主的飯店，大廳部所掌握的客人訊息，也許對餐飲部、商場的績效（營收與服務品質）有決定性影響。其他情況亦然。因此，飯店所有平行部門之間，都應有對話平臺：管道與機會。

不過，如果事與願違，為其他部門提供訊息並不被上級認為是一件「功勞」（倒不一定是要頒發獎金等），甚至被認為是「多此一舉」的話，則掌握訊息的部門未必會熱心積極地提供這種服務，該平臺將遭到破壞。

又如，我們發現，不少飯店銷售員工在市場上獲知一些與餐飲部門有關的訊息，若沒有飯店特別的安排，則這些有價值的訊息可能永遠無法傳遞至餐飲部門。這樣，規模化經營的潛在利益就無法發揮，也意味著飯店尚未建立起真正意義上的對話平臺。

非正式組織是飯店中一支非常重要的力量，人們會因為「情投意合」而在正式組織的夾縫中，建立起自己的對話平臺，形成我們常說的「圈子」。有「圈子」不是壞事，但如果「圈子」的平臺反制甚至破壞了正式組織的平臺，則問題將相當嚴重。為此，飯店顧問要靜觀默察，以發現這個力量及其分布狀況，要加以正確引導，

使之有助於飯店對話的實現。

對話應是雙向的

理論上講，對話一定是雙向的，否則不成其為對話，但對許多人而言，這無論在意願上，還是在能力、技巧上，都需要培養與訓練，而且，現實中的很多對話狀態，五花八門，甚至令一些「自言自語」或「發號施令」看起來也像對話，這就有問題了。

於是，飯店顧問要考察兩點：

1.飯店各級經理、主管對雙向對話，有無正確的認識？

2.他們有無運用這種對話方式的意願與能力？

由此，我們可以推導出飯店的管理風格，並進一步提出有益於對話實現的建議。

下行、上行、平行、斜行對話，一個都不能少

飯店組織中適當的下行（如經理與員工）、上行（如員工與經理）、平行（如經理與經理）對話機制或流程，是大家非常熟悉的，在此暫且略過不談。飯店顧問要在這裡重點考察的，是斜行對話的狀況。

斜行對話，多半發生在大型飯店或飯店集團中，表現為中央集權管理部門對下級一線專業職位人員的直接對話。例如，飯店集團工程總監對客房方面的技術指導或訊息收集，有時可能不必透過其部門經理，而直接跟有關的、具體的卜屬人員進行合作。這在對話效率上，必然提高很多。

當然，這類對話應限於技術、專業層面，以避免影響整體對話

機制的平衡，或破壞既有的對話氛圍。比如，事關人力資源、營銷、採購供應等超越技術層面的情況，應取下行對話方式，而取斜行對話，則可能遭到抵制、拒絕或被敷衍，造成尷尬局面，無法實現真正的對話。

與外界對話要關注重點

每家飯店的經營策略都不同，因為各自的弱點及機會不一樣。因此，每家飯店收集外環境訊息的著重點，也應與此配合，要有專人負責，要抓住重點。

換句話說，任何飯店與外界的對話，都應有一個總的策略為引導，而且，要確保負責這項工作的員工知道取捨，集中力量於關鍵性的項目上。前者應在飯店的職位職責與分工上加以明確，後者則應透過對話流程提出要求。如企劃部的對外發言人，營銷部的市場訊息把握管道，等等。

這樣做的另一個理由，是無論我們怎樣開放飯店的對外窗口，對話能量也是有限的。因此，與外界的對話能否集中力量於關鍵項目上，就顯得特別重要。

此外，還有一些對話可能是有害的，是要禁止或警惕的。如非專業人員與媒體頻繁接觸，不相干人員過多地涉足政府事務，穿梭於不同層級經理之間的「個別人員」等等。

飯店顧問要花一點時間瞭解這方面的問題。

對話可能因部門衝突而被削弱

飯店對話常常會因部門間的衝突而被削弱，而這種衝突又常常

與部門利益相關，所以，常常不可避免。這類問題若發生在部門（或員工）間必須密切合作才能完成工作時，影響尤為嚴重。

　　飯店顧問應致力於尋找最直接的原因，並提出解決方案。大多數時候，問題就在對話機制本身，如因個別員工的對話「口氣」而導致部門間的對話中斷；或如一些考評機制過於強調了部門或職位之間的競爭，而強化了本位主義、保守主義，造成了無法對話的現狀；或如分工安排不當，造成自上而下的對立，使得對話根本沒有平臺。這時，應首先「換腦」，進行觀念培訓。此招不奏效，應「調職」。再不行，必須「換人」。

　　飯店將因流暢的對話而精彩，因對話不暢而一團糟亂。

四、控制、評估與處理

控制對象的把握應與飯店策略一致

　　飯店管理控制的最重要目的之一，是要確保飯店計劃中的業務指標都能完成，並獲得社會（客人）、政府、業主（股東）、員工四方面的好評。然而，飯店畢竟是「勞動密集型」企業，千人千面，眾口難調，真正做好控制並不容易，因此，控制性的對話，必應「執簡馭繁」。

　　這就要求飯店管理團隊，能集中注意力於與策略成敗密切相關的重點行動方面，以收綱舉目張之功效。而在具體做法上，應關注兩點：

　　1．「一切行動聽指揮，步調一致才能得勝利」。

　　2．飯店沒大事，服務沒小事，養成抓細節的習慣。

任何飯店服務與管理的失敗，都是細節管理不到位所致，尤其是大家司空見慣的遲到、早退、吃零食、不化妝、說話沒禮貌、飯前便後不洗手等等。

控制制度不是一成不變的

飯店的控制制度是否配合著經營計劃的實施？如果是，則控制的方向正確，如果不是，應進行調整。不少經理人討厭「變來變去」，認為「穩定壓倒一切」。其實，不能以變應變，而只是僵硬地守住教條，恰是真正的不穩定因素。

而且，我們制定任何控制制度的目的，都不是為制度而制度，而是為服務於經營或管理目標，才行控制之道的。就是說，控制與計劃必須是相呼應的，而許多控制制度無法順利運行，就是因為在計劃階段，沒有訂出良好的目標和進度等，使得在控制工作上無從下手。

此外，還可以考慮在年初的三、四月份，進行一次政策或制度微調，如增加一些解釋，等等，再在年底的十一、十二月份進行一次大調，以適應下一年的工作目標。

這樣，則既能保證控制制度的相對穩定性（即不是亂調整，使之喪失權威），又能保證其具有相當的應變能力（即不是不調整，使之成為廢紙）。

控制制度應配合部門業務

控制制度不宜簡單地、完全地「一刀切」，反對者或許要說，不「一刀切」成何制度？當然，如果能夠「一刀切」，最好是「一刀切」，但有些項目，必須配合各部門的業務性質。

有些部門，如客房、餐飲、採購部等的營收、管控工作，可以明確地看到具體的成果，因此，對它們的控制項目，可以偏重於「結果」導向。另一些部門，如財務、會計、總務、人事、培訓等，在飯店中的主要功能是輔助一線部門，本身所能表現出的具體成果往往不多，因此，對它們應著重在「流程」或「過程」方面的控制。

　　再如「統一打卡」制度，可以適應大多數員工，但營銷部門是否能夠豁免？未嘗不可，因為他們的工作性質不是準點來準點走，還有經理人員，都可以考慮靈活對待。

　　當然，如果因靈活而造成了放任，並影響了飯店整體的紀律，則應進行調整，但也不能因此就否定靈活性的價值，因為放任現象的出現，是實際控制能力的問題，而不單是制度問題。這要分清。

　　這裡要特別注意，一般飯店都有一個通病，即因後臺支持部門不必創造具體成果，而完全放棄了對他們的結果控制，進而造成後臺的服務意識低降，控制慾望增強，以至於前後臺矛盾重重，影響到一線部門的服務品質與經營成果，危害極大。

策略評估要制度化

　　控制制度的對象，不應僅限於作業性工作，整個飯店的績效以及策略方向，都應該放在控制的範圍之內，而且，要有制度化的做法。

　　因此，策略評估，就是考察飯店決策有沒有做無用功。這些決策，主要包括用人政策、市場定位、設備投入、經營方針、服務理念、功能決策、產品規劃、財務控制等八方面。為此，飯店顧問必須問清三個問題：

1・飯店以什麼方式來評估八大策略上的績效？

2・如何收集有關訊息？

3・這些活動有無形成制度？

如果方向錯了，事情可能南轅北轍。比如，現代飯店消費者已經不再喜歡熱量高的食品了，而養生的藥膳可能大行其道，則即使前者的作業效率再高，也無法避免因策略偏差而被時代淘汰的命運；反之，後者即使效率不佳，但只要掌握住正確的經營觀念，仍能達成一定的「效果」。

再者，飯店策略評估不是單一的經營項目評估，不能簡單地拿單一指標完成與否為評價標準。比如針對用人政策的評估，一位部門經理的經營指標完成得非常漂亮，但不能僅憑這一點就認為這位經理優秀，而要加入更多的其他指標，如個人遵守店規店紀、完成授課時數、與員工懇談人次數等等，才立體，才可以，才有方向性。不少飯店做不到這一點，以至於很多經理的素質無法提升。

這就要遵循「PDCA」（計劃—執行—檢查—處理）的基本規則，先以制度化的形式來設計，年初公布標準，月度、季度或年度評估、處理。其間，還要圍繞這個核心，明確訊息收集方式與辦法的細則，落實訊息收集的責任人或職位，使之發揮作用。

評估與處理應促成行動

根據「PDCA」的規則，凡事都應有一個評估，並得出一個結論即獲得處理。評估與處理，可以來自外部，但更多的，還應由內部自行解決。比如，一線服務部門在獲得上級評估或客人評價的訊息反饋後，有無採取適當的行動，以修正其作為，就屬於這類問題。

任何控制的作用，都應表現在反饋後的修正行動上。

然而，往往由於制度、管理執行上的缺陷，或當事人懷有推諉的心理，而在獲得反饋訊息後，並不採取改正行動，而僅一味推卸責任，甚至置之不理，使得前期的很多工作努力化為烏有。

這種反應，使得控制制度的設計初衷完全落空，我們稱這種狀況為「失控」。

控制制度應有預見性

飯店的控制制度有無預見性，將決定該制度能否發揮指導作用，也決定了其是有用的指針還是無用的廢紙。

有預見性的控制制度設計，應確保一些指標能預知其結果，當不利因素出現時，飯店管理者可預先防範或及時修正。

例如，銷售額、直接人工、直接資料、辦公費用等都會影響稅前盈餘，而稅前盈餘的多少又影響了未來某一期間飯店所擁有的現金水準。因此，當管理者發現當前的市場或成本發生波動，就可以預測出將來的現金水準波動程度，因而可以未雨綢繆，預先準備。這就是有預見性的控制制度的含義。

而失敗的控制制度，不具備建設性，亦如警察躲在暗中窺視違章停車，毫不制止，而只待停車，便出來罰款一樣。

飯店顧問要認真考察飯店控制性文件中所傳達出來的這類訊息，對於那些失控、無效的制度，要提出修改建議。

經營環境越複雜，控制力便應越強

飯店的任何制度都不是一成不變的，控制制度亦然。因此，飯

店顧問要注意觀察，飯店的控制制度能否隨著經營環境變化而有所調整。總起來說，不斷加強控制，應是每一家成長型飯店制度建設的必然路徑。

飯店顧問可以透過比較過去與現在的控制性文件的表述，來發現這其中可能存在的問題。

一般而言，隨著飯店內外經營環境的變化，飯店組織架構、管理格局、方向都可能進行相應調整，於是會出現制度分化。而這個分化越激烈，最後就越需要整合。這種情況下的整合，一定要依靠複雜的控制制度與對話系統。

因此，控制制度應隨著經營環境的變化，而有所加強。

評估指標也非一成不變

在飯店不同的發展階段，主要績效考核指標應該因當時的策略重點不同而有所差別。一般而言，試營業階段，重點在圖生存，因此，主要績效指標應為作業上的品質與效率。

在第二階段，主要依靠擴充目前市場和銷售能力，以及對垂直體系進行整合來獲得進步、成長，因此，主要績效指標應為銷售額、預算績效、規模成長等。

而在進入多元化經營的第三階段，主要目的在追求利潤機會並防止僵化，因此，核心績效指標應為投資的利潤率，以及將來必將出現的對股價盈餘比率、客源市場占有率等方面的追求。

飯店員工的自我發展與態度，也要在此討論。

控制制度有時要「因人而異」

當然，這個「因人而異」不是指隨時隨意的變動，而是要適合當期員工整體的素質水準及當期心態。如果過度超越了這個現實性，或未達到，則無論寬嚴，再好的東西都可能變味兒。而一旦制度不能為人接受，便難以發揮作用。

一般而言，知識水準和成就動機較高的員工，比較偏好自我控制及自我修正的控制制度，因此，在設計管理制度的寬嚴時，應適當簡明扼要，以便有管理發揮的空間。

反過來，員工的知識水準一般、按部就班，或一班調皮人員，則應條分縷析地設計，將可能的行為一一列出來，將前因後果一一講清楚、道明白，才好用。

由是言之，完全的拿來主義，是不行的。

而一成不變的態度，更有害。

控制程度應隨分權程度提高而有所改變

分權所分的，是決策權和辦事權，而飯店控制所要求的，是決策及行動的結果反饋，二者應相輔相成。因此，分權程度提高後，對結果的控制程度也應相對地提高。

大部門的控制

所謂大部門，在此就是指控制幅度較大的部門。

每家飯店都有大部門小部門之分，如一家200間客房的飯店，可能同時擁有1000個餐位的餐廳，於是，相對於90名員工的客房部、50名員工的大廳部，200名員工的餐飲部就是大部門。

但問題是在很多飯店，大小部門採取的控制機制完全相同，評

估辦法也完全一樣，自然造成了評價的不公平。比如，經理要為員工流失率負責，那麼，50人的團隊與200人的團隊，能夠一樣嗎？集中在一個工作區的團隊與分散在十個工作區的團隊的管理能一樣嗎？當然不同。

在大部門，經理與員工之間以面對面的方式進行督導和控制的機會比較少，因此，需要較正式的控制體系和對話體系以為補足。比如，在大部門設立二級部（中餐部、西餐部等），而二級部指標與大廳部、客房部相近（不一定完全相同），便是一法。

控制對象應該是工作結果

控制對象是工作結果？還是個人？

這是一個根本問題。要明確：控制制度應該就事論事，因此，所控制的應為一有特定目標的業務，而非負責這項業務的個人。

控制方式應與時俱進

在控制制度（原則性）執行過程中，有一個對控制方式（非原則性）把握的問題，應注意，要時時適用於新情況，否則，極可能扼殺飯店成員的創新與進取精神。

控制方式及控制項目（對象），經常是依據以往飯店業務性質發展而來，行之日久，各級員工在這個控制體系下便安之若素，因而往往就不去追求新的目標或研究新的服務技巧與方法了。甚至有時，由於控制制度過於嚴格，使員工絲毫不敢踰越規矩，則創新的動力就必然消失殆盡，服務的個性化也就無從談起了。

飯店顧問要充分觀察這一方面的問題，要協助飯店把原則性與

非原則性的事務區分開來，取得控制與激勵的平衡，以創造一個「團結、緊張、嚴肅、活潑」的工作局面。

成熟飯店的指標管理

成熟飯店的標示，是飯店進入多元化經營，或即使沒有實際的多元化項目，經營者也有精力搜尋更多的收益機會。因此，會出現八仙過海各顯神通的景況。

但實際情況可能遠非如此簡單，因為飯店內各部門的成熟度可能千差萬別，甚至完全不在同一個循環階段上。因此，要有不同的策略重點，並使這些策略重點反映在績效評估指標上，使之相互搭配。飯店顧問要有此策略眼光。

例如，飯店配餐中心處於成長中，前途美好，但目前亟需資金擴充，短期尚無法產生現金盈餘。而飯店大型洗衣場的對外服務業務則處於衰退中，雖然目前贏利甚豐，卻隨著洗衣業務的社會化發展，前途有限。此時，若在策略上，將後者的盈餘去補充前者，以期將來可以取代後者的貢獻與地位，便是良好的搭配。

由這個簡單的例子中，我們可以知道，各部門在一特定的時期裡，對飯店的貢獻或作用是不盡相同的。因此，飯店對各部門，或飯店集團對下屬各飯店所賦予的目標、使命，也不應相同。

這些相異的要求，應該充分地反映在各分部的績效指標上，以期實現更加有效的指標管理。

評估結果的反饋

大部分飯店員工都關心外界對自己的評估，因此，各部門經理

應有技巧地將績效評估結果，反饋給每一位部下。

不少飯店出於「經營訊息保密」等原因，不喜歡讓員工知道更多，其實視角狹隘，因為任何經營結果的訊息都是「過期的」，如果經理死守這一點，將大大地影響管理與創新的心態。反過來，如果經理能將經營狀況或他對某一部下的績效評估反饋給後者，對後者將來的努力方向，通常都會有良好的影響。

當然，反饋工作，尤其是對員工個人表現的反饋，是需要技巧的，若缺乏技巧，則容易引起部下的敵意、不滿，甚至部下會離職。

因此，由這裡，飯店顧問也將發現經理的一些實際能力問題，要給出有針對性的整改建議。

評估與處理是為了員工進步

在飯店績效評估過程中，部下能否得到自我發展與自我改進的機會，是關鍵。因為績效評估的主要作用，不在於評判或獎罰，而是希望部下在瞭解自身績效以後，能自我改正缺點，充分發揮長處，並在這種過程中得到自我的成長與發展。

評估的量化指標要適當

很多飯店追求績效評估項目的量化指標，其實，過度量化管理並不利於飯店的發展，因為它會使員工忽略長期性且不可量化的目標，最後是撿了芝麻丟了西瓜，得不償失。

例如，要求基層經理維持高度的士氣，或要求高層管理者重視社會責任等，都是飯店管理中最重要的項目，但無法量化。如果我

們的評估忽略了它們，怎樣的後果，可想而知。

就高層次而言，靈魂是不可量化的。而人如果沒有靈魂會怎樣呢？飯店也一樣，理念是靈魂，思想是靈魂，能忽略嗎？不可忽略。它們將作為維護飯店基業長青的精神基礎，發揮最重要的作用。因此，對評估的量化指標追求要適當，同時，可透過促進「過程管理」，來重視非量化目標的達成。

評估的主觀性與客觀性

僅以主觀印象或抽象事項（如責任感、進取心等）為依據來評估員工績效，當然是不負責任的。那就犯了主觀主義的毛病，不可取。服務的具體績效（結果量化指標）仍是最重要的部分，必須納入，而同時，諸如個人日常表現以及對上級交辦事項的完成情況等，也須納入評估指標體系之中。只是，這些非量化指標的設計，因不可定量，便只能定向（目標），定進度（程度），並體現在流程裡，做起來比較麻煩，所以，在事實上，經常被忽略。

飯店顧問應致力於發現這方面可能存在的問題。因為只有這樣，評估才可能客觀。換言之，在評估上，對部下行為的主觀印象及辦事的具體結果二者都要注意，不可偏廢。

日常表現評估，就是過程評估。其現實作用，在於上級能實時地把握每一位下屬的進步實況，而不是到年底聘任，或面臨晉級時，才想起評估一下，敷衍了事。這類評估常被員工稱為「走過場」，以至引發員工反感，因為其結論大都由主觀印象而來，沒有實際意義。所以，飯店管理者應高度重視日常評估。

日常評估確實麻煩，但如果做好了，則受用無窮。在操作上，應形成評估制度，要有記錄，有檔案，以便應用。比如評選年度優秀員工，就不一定要依賴年末的一次評估，而可以從一年四季的分

期評估記錄中擇取長期優秀者入圍，其客觀性將遠遠大於前者。

又如，當部門經理認為某一下屬不適合某一職位，提出調單位或降職建議時，上級一定要問：憑什麼？如果沒有日常的評估記錄，則該經理的建議將是主觀性的，而只有拿出全年的評估記錄，才有說服力。

評估，應避免「走過場」

評估是否走過場，除了上邊提到的要點之外，還可以考察兩個問題：

1．績效評估是否確實在做，還是每年輪流分配成績獎？

2．績效評估的時間是否配合了各種業務的週期特性？

有些飯店業務在性質上需要較長時間才能看到效果，如培訓與研究發展，其績效評估的期間就應該比較長；而一線服務部門，則績效評估的期間就應該比較短。

令行禁止

對話、評估以至控制，無非要達到令行禁止的境界。而不能令行禁止，則反證對話、評估、控制工作沒到位。

比如，許多飯店對「行文」的期限控制很嚴，那是辦公室主任的責任，上有總經理直接督辦。至於實際事情辦了沒有，卻因管理流程拉長，而不聞不問，造成普遍的行文不辦事的現象。

該現象的成因，一部分是因為負責控制工作的部門級別太低，故只能在公文流程上追蹤，而無法深入追究工作的實質內容，更遑論獎勵或處罰。同時，也可能是經理的工作太忙，只顧發號施令而

忽略了他驗收成果的責任。

　　飯店顧問可以由舊的公文檔案或交辦單中，抽樣追查，以獲知這一現象的嚴重程度。

　　最後的諮詢結論，一定要納入「PDCA」規則裡。

　　或許，我們就事論事的規則，能做到這裡已經可以了。但問題遠沒有結束，因為令行禁止如果僅僅停留在言談舉止，而不能入心，成為員工的自覺行動，長期的效果，仍會是事倍功半。因此，以下五個問題，必須同期解決：

　　1‧是不是每一成員都瞭解飯店組織對自己的期望？

　　2‧是否知道被評估的項目是哪些？

　　3‧這些項目是否都在自己的可控制範圍內？

　　4‧控制評估的次數是否太頻繁，而妨礙了正常的對客服務作業？

　　5‧是否因為週期太久而失去了反饋的意義（作用）？

第九章 員工與經理

一、員工心態與士氣

心態

　　員工心態，也就是心理學上所稱的態度，它代表了一個人對某些事物在價值偏好上的傾向。

　　飯店員工對許多與飯店有關的事，都具有不同的心態或傾向，這些心態或傾向，會對他們在服務中的行為，產生決定性的影響。

　　在心理學的研究中，有許多現成的量表，可以測驗出受試者態度上的許多特質，但飯店顧問並不需要如此精細和科學，而且，心理學上所測定的態度，對飯店諮詢也未必有很大的用處。

飯店顧問在觀察員工心態時，應重點把握員工對客人、飯店、上級、部下、自我、權力、時間、空間、工作以及對與工作有關人士等十方面對象的態度。

對客人與飯店的態度

　　對客人的態度，其實，是所有工作態度的綜合反映。

　　對飯店的態度，則是指員工普遍認為本飯店對他們來說是怎樣的一個地方。比如，是一個賺錢謀生之地；是一個打發時間的社交場所；是一個發揮潛力，實現自我的地方；等等。

　　員工所持的是哪一種態度，對他的服務效率、職位滿意度所產生的影響，是顯而易見的，這也是無須贅言的。

對上級與部下的態度

　　對上級的態度，是指員工對他的上司的一種認識：是一種行動上的限制者呢？是對工作要求上的監督者呢？還是可以依賴和合作的資源呢？這些態度的形成，固然是受組織氛圍及上級個性的影響，但就態度本身而言，都會不可避免地影響員工的工作績效。

　　對部下的態度，是指身為經理或主管的人，對待他們的部下，是懷著怎樣的心態。他可能認為這些部下全是毫不頂用的草包，只可作為他滿足權力慾望的來源；也可能認為部下是可以透過壓榨勞動力來幫助他實現自我表現的對象；也可能視部下為合作夥伴。

對自我的態度

對自我的態度，是指飯店員工對他們自身的看法，包括他認為在飯店的這個職位上，能夠享有多大程度的社會地位與威望；對飯店乃至對整個社會而言，他是不是真的有貢獻；他對自己的未來抱著怎樣的願景——是樂觀進步，一片光明的呢？還是永遠庸庸碌碌，平凡一生呢？

對自身的看法，或所謂自我的態度，雖然有很大一部分，是他的個性使然，但也有不少是飯店的職位政策造成的。

一個飯店裡，如果上下都是感到暮氣沉沉，似乎每個人對自己都不心懷美好希望，也不認為自己有任何重要性的話，那麼，這家飯店的問題，恐怕已相當嚴重了。

對權力的態度

權力，是任何組織中都存在的一種必然現象。

無論是正式權力或非正式權力，如果能適當運用，對飯店目標的達成，都會產生積極影響。反之，假設一個飯店的各種權力的行使都呈無力狀態，則這個飯店必然會陷入癱瘓，更談不到目標的達成了。

對權力的心態，是指各級員工對權力的看法：它是一個爭取的對象呢？還是謀求個人利益的工具呢？還是可以協助達成工作目標的助手呢？

在一個飯店裡，大部分人，尤其是居於高位者，如果對權力都抱著前兩種看法，則這個飯店的營運狀況將令人擔憂了。

對時間與空間的態度

員工對時間的態度，是指大部分人，究竟是生活在過去？未來？還是現在？生活在過去的人，可能一味緬懷從前輝煌的日子；生活在未來的人，則未免會忽略目前的小節。

因此，飯店顧問應透過諮詢工作，幫助他們在心態上，將未來、現在與過去三者，維持在一個恰當的平衡點上。

對空間的態度，指的是員工在心理上的視野開闊程度，也就是胸襟氣魄的意思。有些人能夠放眼世界，有些人目光則只囿於斗室之間。

這方面，太大太小皆非所宜，要看個人在飯店中所擔任的職務而定。

此外，在飯店中，各種人的見識要互相搭配才行。整個飯店，上上下下，全都是志大才疏也不好，每個人都精微細密，兢兢業業也不行，必須要各種人都有，才能彼此取長補短，《西遊記》的唐僧團隊就是這樣，所以，能終成正果。

對工作及與工作有關人士的態度

飯店中每一個人都會在工作上，直接或間接地與其他人發生往來關係。這些人或部門可能包括飯店的董事會、客戶、供應商、工會、同事、質檢部等。

員工對他們的態度，可能是友善的，也可能懷有敵意；可能認為休戚與共，也可能視同陌路；可能互相認同合作，也可能互相競爭。

這些態度與心理傾向，對飯店績效、員工職位滿足度等都會產

生極大的影響，它們還影響著整個飯店的工作氛圍。

對上述林林總總，飯店顧問除了應用心理學上的量表外，更多的，還是要靠個人的觀察和體驗。顧問應透過飯店的蛛絲馬跡來推測飯店員工的心態，例如，員工在提到某人時的口吻和用詞，以及員工之間彼此交談和開會中的表現，等等，都可以提供一些側面的訊息。

士氣

士氣，也是員工心態的一個重要表現。

士氣，主要反映了員工在飯店中對他們的工作、客人、同事、上級、部下以及整個飯店的滿意度。

士氣是影響飯店生產力和向心力的一項重要指標，因此，飯店顧問應該特別注意。

測量飯店員工的士氣，通常可以使用標準化的量表，如問卷等。如果不使用量表，飯店顧問還可以透過訪談來探查整個飯店士氣的高低。

影響士氣的重要因素之一，是飯店組織氛圍。

飯店組織氛圍，是指員工所感受到的組織特質中，能夠影響其行為的那一部分。這些飯店組織特質，可能包括競爭壓力、領導作風、組織的有效性等。

二、心態實況

信任感

飯店中，一切改革和工作調整，對有關的人，都是一種不確定的情況。此時，個人為了本身職位與權力的安全，難免會做出防衛之舉，進而形成改革的阻礙。在這種情況下，唯有彼此信任，才能避免問題發生。

然而，在信任感低落的飯店，不僅改革會發生困難，包括飯店顧問的工作，如提供訊息、合作程度等，都會遭遇困境與被動。

診斷飯店成員間的信任程度如何，飯店顧問應至少弄清兩個問題：

1・員工之間、員工與管理部門之間的信任感如何？

2・會不會因為彼此缺乏信任感，而造成改革或新制度推動的困難？

員工互動

這裡要考察的重點，是以下八點：

1・飯店成員是否支持求新求變？

2・他們是否積極尋求工作改進？

3・員工是否普遍有自動自發、互相支持、主動協調的精神？

4・是否大多數飯店成員都認為本身的工作有意義？

5・員工是否認為可由工作中獲得自我成長和愉快？

6.是否大多數員工都瞭解飯店的目標及使命？

7.他們是否接受和認同這些目標和使命？

8.他們是否能認識到本身工作與飯店使命之間的關係？

獲得肯定答案的組織氛圍，表明飯店組織的員工互動狀況良好；如果相反，那麼，飯店顧問應提出合理的整改建議。

三、士氣與飯店氛圍

基層部門規模過大可能影響員工士氣

飯店或部門規模過大，對員工的士氣、工作滿意度、缺勤率、客人及員工投訴率方面，都有不利的影響。

這是因為在人數眾多的飯店或部門，個體將自覺非常渺小，並因此徒增心理上的壓迫感，從而影響士氣，乃至服務生產力。

飯店顧問應致力於建設部門中的部門，或透過建立規範的控制與對話管道，提升員工個人的自我認知。

中層管理者會因權責小而士氣低落

在中小型飯店裡，由於飯店的最高主持人掌握所有重大決策權，因此，其他層級管理者的相對權力就相當有限，因此，士氣往往低落。飯店顧問應透過心態調整，改變中層管理者士氣低迷的狀況。

向心力

飯店成員對飯店的向心力如何，要看員工是否將飯店視為自己一生事業中的重要寄託。

針對這個問題的診斷，飯店顧問應找出飯店是由哪些人或哪些部門來負責關注員工心態的，要傾聽員工對各項福利需求改變的態度。這很重要。同時，還應找到證據，確定飯店過去對員工福利等措施的調整或改善，是在什麼情況下發生的。因為由高層管理者主動地、順應潮流地推動調整，與士氣已有明顯問題時才謀求改善，做法是截然不同的。對前者，只需順水推舟，更上層樓即可，而後者的工作將複雜得多，不僅要改變思路，還要清除舊有的影響，重建新的大廈。

主動發掘問題的精神

有些飯店的經理，為了達到組織內表面的一團和氣，而不鼓勵員工主動發掘問題、提意見。這種做法，不僅損害了組織的向心力和組織活力，而且，會因為這種不敢面對問題的鴕鳥政策，而使潛在問題日益惡化而不自知。

還有些經理，則因為本身缺乏修養與自信心，並且在其潛意識中就喜歡「聽話」的部下，不喜歡有獨立意見的員工，這樣也會造成類似的不良後果。

飯店顧問因此而要回答好以下三個問題：

1．飯店是否鼓勵員工主動發掘問題，自行解決問題？

2．飯店是否鼓勵員工提出他們在工作上的感受與意見？

3．有沒有這樣的制度？

然後，針對否定的答案，提出自己的整改建議。

四、素質與能力

與心態、士氣相關的考察項目

除去員工心態與士氣外，還有一些重要項目很值得研究，而且這些項目的研究難以用相對客觀的量表去衡量，而必須要飯店顧問在進行飯店組織架構與營運流程諮詢時，運用洞察力和慧眼去觀察，求解。

這些項目，包括員工能力與素質、權力結構、組織衝突、個人前景、領導及指揮等等。當然，它們也都與員工心態及士氣等息息相關。

員工能力要配合飯店發展的步驟

能力，這裡是指完成工作的能力，包括三方面可衡量的內容：知識、操作技能、對話。

在今日飯店業的經營環境中，大家都知道要千方百計地去尋求突破，或主題飯店，或經濟型，或考慮規模效應，或在某一特長上大做文章，都是這些努力的結果。

然而，在大中型飯店中不同性質的部門，或在飯店集團下屬飯店裡，採取什麼經營模式並非第一位的，首先應該做的，是要考察員工能力能否配合飯店發展的進程，即能否與該模式相匹配。如果沒有人，寧可遲些動手，以避免更大損失。這是因為雖然思路很先

進，但現有人員難以接受，結果可能留不住人才。反過來，如果人員能力具備，卻沒有新事業的推進，同樣會招致失敗。

因此，我們看到不少飯店，儘管投資商資金充裕，新項目亦充滿機會，但僅僅由於人才缺乏，而使大多數嘗試都半途而廢，以至於從此不敢尋求突破。

任何時候，飯店人才的培育，都不應侷限在本行業或本職職位上，應廣攬賢才，也只有這樣，才能保證在將來有拓展機會時，才不致因人力的緣故，影響到策略彈性。

此外，飯店或飯店集團的人才儲備，一定是一種政策下的產物，即要肯做人力資源的投資，在職數、培訓、薪資待遇等諸方面，設立基金，否則，培養人才可能等於空話。

員工素質

員工素質，乃是一種透過做事細節來反映個人工作風格、人品、想法層次及其對上級意圖理解能力的指標。

素質分業務素質與個性素質兩類。前者在於做事，後者在於做人，兩者相輔相成，方能相得益彰。因此，只有業務素質，而缺乏對話能力的人員，應安排在技術職位上，而只有業務素質與個性素質都優秀的人員，才宜進入管理團隊。

但現實中的情況，可能不盡如人意。一些業務素質優秀者，常常會優先被吸納進管理團隊，因為怕他們跳槽，結果，反而淹沒了他們的才能，他們自己也很苦惱。

有鑑於此，飯店顧問應協助飯店建立技術與行政曾級的「雙軌制」，使任何人才都各盡所能。

一般而言，飯店要培養這樣一些人：上級說一句話，下屬即能

從執行或輔助執行人的角度，迅速理解，並充分落實在本職工作與協調性質的工作中。我們說這個人素質很高。反過來，經理講一個小時都聽不懂，或雖聽懂了，卻行動遲緩，或乾脆沒有行動，或做反了方向，或在做的過程中無法獲得別人的主動協助，等等，則說明其素質不高。

員工能力與素質培養應與飯店目標一致

能力與素質既有與生俱來的成分，也有透過培訓可以取得進步的一面，所以，飯店首先要把好招工關口。

其次，目標（標準）的設計很重要，要有一定的難度。比如跳高，先以1米高度為目標，那麼，90釐米上下就可以算優秀；如果以1.5米為目標，則1米的高度可能剛剛及格。目標不同，績效表現也完全不同。

但無論怎樣，後期的能力（如操作技能等）培養都是必須的，而每一項能力培養的功課，都包含著素質提升的內容，兩者實際上是一體。為此，飯店顧問應先搞清以下七個問題：

1．飯店有沒有員工招聘指導手冊？

2．飯店是否實施了具體的培訓計劃？

3．飯店設計了怎樣的日常訓練課程？

4．飯店有沒有專門的培訓預算，以使員工在服務技術上滿足客人日益提高的要求？

5．各級經理、主管是否將「訓練部下」，視為其管理工作的一部分？

6．飯店有沒有針對「訓練部下」進行效果評估的政策？

7．員工能力與素質的培養與發展是否為飯店的目標之一？

把這些問題的答案歸納起來，我們能夠發現員工培訓、培養目標是否與飯店發展真的一致。如果不一致，飯店顧問則要進一步弄清問題出在哪裡：是課程設置不成體系，與飯店目標之間缺乏邏輯關係？是培訓專題沒有前瞻性？是培訓政策制定者認為設定更高的培訓目標（標準）於實際營運無益？還是培訓工作的計劃性不強，推動起來有難度？

飯店員工的能力培養是一個系統工程，需要花相當長的時間、相當大的精力，才能有所收穫，所以，過程評估很重要，而且，目標的實現正蘊涵在每一個過程之中。

飯店管理能力應隨飯店成長而有所提升

一般而言，起步期的飯店，無論是單體的還是集團的，多採取單一地點、單一功能的經營方式。這取決於經理的思路、能力與態度。以後，飯店漸漸成長，業務就可能涵蓋多個地區、多個功能，最後走向多元。這也取決於經理能力的提升程度。

飯店成長與轉型是一個必然，對經理管理能力要求的變化也是必然，因此管理是否跟得上，總是關鍵。跟不上，就可能扯後腿，導致飯店成長的停滯或退步；跟得上，則能維持。但良性的發展，應在於如何確保管理能力與飯店發展相適應。

所謂管理跟得上，其實就是飯店經理（主持人）的角色定位，能不斷地隨著飯店的發展進行調整。例如，在開業期，經理的主要管理工作為提高工作準確性與效率；在發展期，如在多地區有分號，則協調工作上升到主要位置；在整合經營期，主要精力要放在服務生產與營銷的配合上；而到多元期，飯店主持人的主要任務則必須是在大環境中尋找新機會，並決定在如此多的事業或分部之

間，如何配置資源，等等。

每一次飯店「升格」，上級經理都應該將上一時期承擔的部分職責交給部下去做，而自己進入一個新的管理領域。

飯店星級評定，飯店掛了星級牌子，而經理則要調整自己的定位。目前，中國普遍存在同星級飯店服務標準參差不齊的現象，究其原因，大都在於飯店管理者的能力沒有隨飯店成長與轉型而有所提升。

對高階管理人員的期待

飯店高階管理人員管理水平的提升，永遠是問題的關鍵。

愈是大型飯店，愈是組織架構複雜的飯店，對高階管理人員觀念與能力的要求也愈高。

觀念與能力，指一位管理者能夠從整個飯店或集團的高度去看問題，認清飯店組織中各功能之間的相互依存關係，並能創造本飯店與整個飯店業、社區等力量之間的和諧關係的基本素質。

這種觀念與能力的水準，必須隨著飯店規模的成長而提升。參加培訓班或各類證書班，是提升的途徑，但更多的，還要靠自學自修與獨立思考。然後，走出去，多觀摩學習，多接觸有學識有能力的飯店經理人。

認真把握這個原則：別人晒太陽，你自己不會溫暖。又曰：師父領進門，修行在個人。

飯店組織架構轉型與經理心態

目前，飯店的組織架構大體分為兩類，一類叫功能型架構：上

層為總經理、副總經理，其下為分管大廳、餐飲、客房等部門經理，再下轄職位主管、現場領班至員工。功能型組織結構比較通行。由於此結構比較僵硬，有些類似政府機構，所以，也稱為「機械式官僚架構」。

另一類叫事業部架構，一般比較適用於飯店集團或大型的、綜合性的飯店。上層為總部，由總裁統領法律、規劃、財務、人力資源等輔助職位，之下設事業部，每一個事業部可能就是一個飯店或一個大部門，擁有獨立的採購、設計、營銷、生產等部門。比如，某飯店擁有700間客房、2000席位的會議中心、2000席位的餐飲與宴會設施，另有一個標準的1200席位的劇院，就可以局部採用事業部架構，以增強經營的活力。

如此，就涉及由功能型管理體制轉為事業型管理體制之後，功能型飯店的經理有沒有能力，應對通才經理職務要求的挑戰，尤其在心態上，能否迅速調整。

畢竟，在功能型飯店組織架構裡，各級經理、主管的任務，只限於履行他職責所轄的功能而已，對於各功能之間的整合以及全盤的策劃未必關心，也一向沒有機會發展這方面的能力。而當飯店改組成為事業型時，就要介入諸如承包、接管、代管等工作，則這些經理，甚至於其手下的主管、領班，每個人都似乎成了一個小型飯店或餐廳的「主持人」、「總經理」，自己即成為一個相對獨立的公司負責人。這時，他們不僅要同時負責服務的產與銷，而且必須對事業部未來的發展，有通透而長遠的考慮。與功能性架構的情況完全不同。

一般而言，「通才經理」所需具備的能力及心態，是功能型架構下的經理在短期內很難掌握的，只是很多經理對此不以為然，以至於許多飯店集團在改組初期很難上軌道，卻不知這才是主因之一。

飯店組建臨時或專項機構，考驗經理的協調能力

有時，飯店為組織一次大型活動或接待大型會議，便需要組織一個臨時委員會或專項小組來實施。

在這個機構中，指定負責人的主要任務，是整合與協調各個不同專長的部門，使各部門中的員工，都能明確專項業務的目的與工作要求，各自做出他們的貢獻。

在這種情況下，該經理在專業知識上便需相當廣博，心態上也要不偏不倚，而且，由於參與專項業務的員工各自有原編制的上級，每人的背景與立場又不相同，因此，在溝通、協調人際關係，以及整合不同意見等方面，必須有獨到之處，方可勝任。

許多這類小組工作進行不順利，都與其領導人個人能力大有關係。

公關能力

在複雜、變化多，而要求創意高的工作環境中，部門經理是否有高度的規劃、協調、引導員工參與的公關協調能力，以及主動與平行部門取得協調的能力，將非常關鍵。

而這種能力，在例行工作環境中，可能無法充分表現，也無法得到鍛鍊，所以，飯店可以組織一些活動，來激發大家的創意，或透過一系列的專項活動，來提升經理的公關協調能力。

擁有最起碼的公關協調能力，是對經理素質的一個基本要求。因為即使在最平凡的環境裡，也可能發生這樣那樣的意外。對員工也一樣，服務知識、操作技能與對話能力三者，一樣都不能少，其中的對話能力，就是公關協調能力的一部分。

隱憂

在很多飯店，經理級別越高，所受的正規培訓的機會也越少。他們可能要求員工接受培訓，自己卻從未意識到自己在退步。

不受訓亦不進修，是飯店經理，尤其是資深經理或優秀經理的最大隱憂。飯店顧問應對此給予高度重視。

五、員工前途

飯店策略調整應優先維護員工晉升政策

員工的升遷前途，會不會因為飯店策略轉變而產生不利影響，是一個與員工利益切身相關的問題。如果政策有損於員工的職業發展，即便僅發生一次，則飯店的政策也將失去員工的信任，想要恢復會困難重重。

飯店層級與人才晉升的矛盾

飯店管理層多，員工雖然經常有小幅度升遷的機會，但是，人才依序由基層升遷到真正有影響力的職位，可能需要的時間太久。因此，很難使人才在年富力強時發揮更大的作用。

反過來說，如果飯店的各階層控制幅度大而層級數少，雖然人才升遷比較迅速，但對大多數的員工來說，即使是小幅度的升遷機會也很難得到，難免會影響到大部分員工的士氣。

所以，這是一對矛盾，應該充分平衡，而不走極端。前述行政晉級與技術晉級的「雙軌制」是一個解決途徑，但畢竟大多數人還

是希望進入到行政系列，故此，「雙軌制」不應是平行的，而應有交叉政策，如規定可平級調動等。

職業劃分太細導致員工橫向調動困難

對員工而言，過細的職業劃分也是升遷途徑中的一個阻礙。

有些飯店，從人力資源開發的專業立場出發，非常認真地從事職位分類等人事管理作業，也確實在推動業務的專業化上，發揮了積極作用，但結果造成職責劃分過細，不僅限制了員工升遷的機會，也使員工失去了依靠職位輪調來訓練與成長的可能。

所以，飯店職責劃分，要考慮與員工升遷途徑達成平衡。要鼓勵業務部門在其中發揮作用，可透過交叉培訓與輪單位來儘量拓展員工成長的空間。

六、權力與衝突

推動飯店工作要靠實力

有些飯店，管理人員群雄割據，各自擁有資源和立場，使最高階管理人員理層在政令推動及資源調度上遇到極大困擾。在一些大型、歷史悠久、採取分權模式的飯店中，這種現象最為常見，也較嚴重些。其他各類飯店，也或多或少地存在著這種傾向。因此，一般飯店主管不敢輕言分權、授權。

但同時，飯店也是需要管理實力——除了正式的授權之外，還需要個人的權威或影響力等「軟實力」——配合的場所。所以，飯店顧問不能輕言哪一種模式好或差，只看時機對與不對。

這個時機對與不對的評估，可以透過下面四個問題來獲得清晰的白描：

1・飯店決策能否很快地推行？

2・決策是否牽涉面太廣，以致推動困難？

3・飯店或部門決策者是否具有足夠的影響力？

4・一個決策定下來，有沒有一個有權責的人專項推動，並為結果負責？

如果回答是肯定的，那麼，只需堅持就可以了；如果都是否定的，則整改的時機已到。第一個問題描繪出飯店管理現狀的總圖；透過第二個問題可以發現總圖本身有沒有問題，要不要退圖；第三個問題描繪了經理狀態；最後一個圖的要點在於描繪執行者與執行力狀況。

權力分配應有利於飯店目標的實現

飯店顧問要觀察、瞭解三個重要現象：

1・分散在各級管理人員手中的權力，是有助於飯店總目標的達成，還是常常被用在爭取個人利益上？

2・權力是否受到外部環境及內部規章制度的制衡？

3・經理是否在利用權力破壞飯店的規章制度？

這些問題既涉及到組織架構與授權體系，又涉及到管理者本身，觸及層面比較深，因此，調整起來也會遇到阻力。

絕對的權力必然會發生問題，這是規律。老飯店在這方面的表現尤其明顯。因此，應讓經理們面臨適度的「環境壓力」，否則，權力的運用很難納入正軌。這個環境壓力，包括培訓、自我提升、

上級的檢查、評估、考核、人員調動等等。換言之，適當的績效考核是絕對必要的，而且，還要保障考核內容能不斷根據實現飯店目標的需要，進行調整。

除環境壓力外，飯店內部的規章制度，也是制衡權力的一種工具。飯店顧問要審查其在「PDCA」體系中的運行狀況，並提出長抓不懈的辦法。

至於個人的問題，完全可以納入一一擊破的範疇，給予處理。任何一家飯店都有規章制度，但有些飯店卻沒法樹立其權威性，那絕不是條例設計不好，而是因為經理為使自己的權力不受束縛，而率先破壞所致。其中，習以為常或不以為然的「無意破壞」的危害尤其大。

拉幫結派的弊端

物以類聚，人以群分，是普遍的規律。對飯店的組織建設而言，是壞事，還是好事，關鍵看經理之間的派系問題，是否嚴重地影響到團隊的合作。

如果派系不影響團隊合作，甚至有利於團隊合作，其作用應予激勵。但一般情況下，派系都不可能不影響團隊，所以，應高度警惕。

作為普遍的處理規則，如果影響不嚴重，應以適當的引導為主；如果嚴重，則應迅速透過調單位、調職等行政手段，給予打破。打破的時機，應選擇在派系已經發生負面影響，但更大的影響尚未形成之前。

部門間工作衝突的三個原因

服務業務的上下遊劃分，是飯店工作的重要特徵之一。由於彼此間有前後相依的關係，因此，在工作進度、服務品質責任等方面，非常容易發生個人意見相左及團體衝突。

這種衝突，除了人際關係因素外，主要原因，應在服務流程的整體規劃不良上。因此，在管理上要雙管齊下：一者，重新設計人際關係對話方案，這是飯店經理每天都要做的工作；二者，調整或完善服務流程規範，並進行培訓、考核，直至成員完全掌握。

部門間產生衝突的第三個爆發點，在於共用有限資源。這些資源包括預算、空間、員工、設備等等。這種衝突發生的主要原因，大都在分享資源的規定及辦法不完整或不合理。因此，飯店顧問要著力在這方面進行調整。

員工間的衝突

員工間衝突狀況的考察，飯店顧問可以問這樣一個問題而得出判斷：

必須在一起共事的員工，其間如果發生衝突，是否必須到飯店高層管理者那裡才能解決？

答案可能多種多樣。首先，我們應認可衝突的正當性，即衝突不可能被消滅。比如，飯店營銷部員工與大廳部員工在承諾服務項目上有意見出入：前者說客人需要，一定要滿足；後者說沒這個條件，怎能隨意承諾。都有道理。那麼，這種衝突，最終可能要到雙

方的上級經理那裡才能解決，也無可厚非。

不過，一定要把握一個原則，就是不能讓這種事件頻繁發生。因為事件頻發，必然導致上級經理不堪重負。

此外，還要從原因上探尋緩解衝突的方案。飯店顧問應考察兩個潛在問題：

1 · 是否因組織架構設計不當，使必須協調合作的人員分屬不同的大部門，而造成立場的不同與協調的困難，並形成潛在的衝突？

2 · 政策是否欠明晰化，以致於每遇決策，都必須由基層人員來自行判斷，而各基層人員由於部門立場不同，判斷的結果就不會一致，並因而造成彼此間的衝突？

兩個問題有了答案，問題便已經解決了九成。

業務經理與行政經理間的衝突

處於經營一線的業務經理會因為年齡、地位、資源等原因，而在心理上，抗拒處於後線的行政部門人員的意見。這是一個比較普遍的現象。

這種衝突的起因，一方面，是在飯店專業化程度提升過程中，不斷引進專業的行政人員所致。這些專業行政人員通常年紀較輕、學歷較高，但飯店資歷、地位較低，與飯店一線那些由基層服務員一步一步走來的經理的情形正好相反。

另一方面，是工作性質不同。後臺工作環境相對單一，容易形成規矩至上、按部就班的工作思路，而一線面臨種種必須應急的變故，追求變通，於是二者間會發生衝突。

就常識而言，這種現象無法消除，只能協調。因此，上級經理或衝突雙方應把握這樣三個原則：

1‧設身處地地為對方著想，首先不要在態度上表現出不耐煩，尤其是行政人員，要明確自己的服務定位。很多衝突的升級，都源於雙方的態度，而非事情本身的嚴重性。

2‧飯店後臺人選，儘量由一線人員中引進，以便於相互之間的理解。

3‧一線人員要樹立規範意識，因為任何規範的直接作用，看起來是約束，實際上都是為了保護我們自己。

飯店集團成員之間的矛盾

相對於飯店集團或大型飯店總部而言，下屬飯店總經理或大部門經理常常會感到權力被上級行政人員剝奪，因而出現了拒絕提供情況、減少向行政人員匯報工作的情況。這既有個人個性的問題，也有工作方法的問題，一般假以時日，又有正確引導，都能調整。

再就是飯店集團體制建立後，各分飯店或分部間的衝突與不正常競爭的情況，可能加劇，要引起飯店顧問的高度重視。

因為在事業部機制之下，除了對一線經理能力的要求有所不同外，各部門之間的關係，也將因各事業部門之間的獲利情形互相獨立，甚至是矛盾的，而由合作轉向競爭。衝突對象，包括客源、接待訂單價格及服務內容設計、設備及人員共用等多方多面。

根本的解決方略，在於五點：

1‧在全面規劃上，力求避免同地域發展。

2‧若在同地域發展，則追求產品（硬體與服務）差異化（如

會議型與商務型等等）。

3．若既在同地域，產品又沒有差別，則合併部分經營項目的管理模式，如統一集團採購，或將同區域飯店的主題餐廳統一管理起來，或增加集團設施（洗衣廠、菜餚初加工中心、同品牌點心廠等等），統一為各家飯店提供對等服務。

4．強化飯店管理公司的功能，加大消防、衛生、驗貨、賓客滿意度、員工滿意度等方面的檢查力度，展開各類競賽與員工活動，引導健康的競爭方向。

5．建立各飯店總經理或各大部門經理對話機制，透過強化協調，減少人為的衝突。

七、領導與指揮

各級經理的領導作風應合乎員工特性與工作需求

領導作風可以是任務導向，也可以是員工導向，在取捨之間，必須考慮員工特性及工作性質。而員工的特點與工作性質，需要經理與顧問獨立思考、集體研討來發現，不能一概而論。

飯店顧問應首先實施員工滿意度調查，來發現員工的特性，包括有共性的期待、出生地、性別與年齡、有共性的困難等等。如員工大都是18歲到20歲之間，則組織活動就要考慮到他們所熟悉、歡迎的內容，日常談話的方式要關注個性，允許他們發表意見，以適應他們的心理特點。

至於工作性質，則早有定義，如客房部的工作，強調規範性，而應少些個性發揮；大廳部則既要關注個性接待能力的發揮，又要注意規範的把握；餐飲部的規範性與個性各占一半；財務則強調規

範性；酒吧強調最大限度的個性；等等。

接下來的問題，是要把合適的員工放到適合他們個性的職位上，或參照他們的個性，採用不同方式，安排他們的工作，以切實發揮作用。

這是飯店各級經理日常管理的重要工作。

飯店應有計劃地安排高階管理人員的繼承者

飯店高階管理人員的繼承者安排，在中小型，或規章制度尚不健全的、人治重於法制、中國人情味道濃厚的飯店裡，尤其重要。在這裡，一人以興，一人以敗，高階管理人員能力對飯店未來成果的影響極大。

一般而言，傑出的創業者是否能培養出優秀的接班人，是中小型飯店能否繼續生存成長的第一要素。

經理共識與飯店文化

飯店經理在經營管理理念上是否一致，將決定彼此的專長與個性能否互補，進而影響飯店的工作效率與效果。

這是一個飯店文化建設的大問題。只有飯店文化的建設，能確保經理之間，在經營管理的大方向上，看法相去不遠。

飯店顧問可以分別請教對經營方向有具體影響力的高階管理人員，然後，比較他們對未來看法的異同，做出文化共識上的判斷。

至於專長和個性方面，則應該互相取長補短，才能夠發揮團隊作用，避免偏頗的決策。這也跟飯店文化有關。所謂飯店文化，就是大家共同擁有、理解、應用一個理念。在這個理念之下，不必別

人耳提面命就知道什麼該做什麼不能做,自然有利於專長與個性的合理搭配。

所以,飯店顧問應成為飯店文化建設的支持者。

管理形態不應一成不變

飯店經理的管理形態好與不好,從來沒有絕對的標準,這要看飯店市場環境對管理的要求而定。一般而言,有這樣五個規律,供大家參考:

1.市場競爭性強、變化快時,經理的決策過程應較不正式。

2.飯店員工的專業素質好,服務生產力高時,管理者應高度重視細節。

3.經營風險大,機會多時,應適當鼓勵創意與冒險。

4.飯店技術穩定、競爭少時,決策過程應較正式。

5.飯店技術水準低、競爭方式變化少時,經理可以較專制並利用直覺判斷。

總之,管理形態不配合市場環境的改變,為經營上常見的一項缺欠,飯店顧問不可不察。

影響決策與指揮的六個問題

或許真理不會掌握在多數人手裡,但集思廣益總是更有利於眾志成城,共同抵禦風險。因此,飯店顧問要考察六點:

1.飯店高層經理的經營決策,是由一人決定,還是群策群力?

2．飯店有沒有因地位差異、權力結構、自我保護等原因，而減弱了集思廣益作決策的效果？

3．每一個飯店成員是否只有一個命令來源？

4．若必須有兩個或兩個以上的命令來源時，對命令服從的優先順序，有無適當的規定？

5．飯店高層經理有無越級指揮的習慣？

6．基層人員是否常常越級報告，而造成中層經理失去作用及缺乏對情況的瞭解？

在家族式的飯店中，高層經理的「大家長」心態，常驅使其越級指揮。這種作風固然可以增加基層人員對他的認同，但卻會破壞組織的管理。

這是許多高層經理自己應該認真檢討的。

正式組織與非正式組織

非正式組織如果運用得當，可以補充正式組織的不足；但若過分使用，難免影響正式組織的正常運行。例如，部門與部門之間業務往來密切，由於兩部門內員工關係良好，許多往來就不經兩位部門經理，直接處理了。這樣，固然減少許多程序上的麻煩，提高了協調的彈性，但久而久之，不但使正式組織與經理失去作用，而且還會因兩位經理長期被隔離於日常業務之外，而漸漸失去對業務狀況的掌握。

此外，一些高級經理親屬的用權情況，以及靠人情關係才容易辦事等現象，都會損及正式組織指揮系統。

為此，飯店應該把握兩條底線：

1‧基層經理應握有適度的獎罰權，使其能對部下發揮應有的影響力。

2‧應向各級管理人員反覆強調，不應允許任何形式的非正式組織的影響凌駕於正式組織之上。

否則，會造成正式組織的運作不暢，甚至癱瘓。

這是原則。

八、飯店管理常識

飯店管理者的職責

飯店管理，就是運用飯店內外所有相關資源來獲得工作成果，而人力資源開發與管理是中心。具體而言，管理者的職責可分為兩部分：

1‧透過他人來完成工作（管理功能）。

2‧事必躬親地去完成工作（實務操作功能），缺一不可。

管理的四個基本功能

1‧計劃：決定做什麼和怎麼去做。

2‧組織：用最佳的方法去安排資源。

3‧指導：推動員工或部下努力工作。

4‧檢查：衡量工作表現及成本。

管理者把握言傳與身教比重的三個原則

1．高階管理人員言傳與身教的比重為8：2或7：3。言傳，就是要發揮組織、管理功能，如訂計劃、提要求等；身教，是指發揮指導、檢查、處理作用。

2．中層管理者言傳身教比重為5：5。就是說，他們的工作，一方面要體現在管理上，另一方面則應體現在資源分配的操作上，必要時應親歷親為。

3．基層管理者言傳身教的比重為2：8或3：7。他們要以行動來進行工作引導，以身作則。

管理者應具備四方面基本知識和技能

1．管理方面：要清楚瞭解組織結構與組織的目標、政策以及管理原則。

2．實務操作方面：要明白工作程序、工作標準和工作的操作細節。

3．人際關係方面：要瞭解、理解員工，並有能力影響他們的態度和行為。

4．思想意識方面：掌握思想工作方法，並能預測到不同方法將產生的不同效果，以在必要時加以調節和補救。

管理者的四大基本責任

1．向上級管理部門負責，保障任務完成。

2．向下屬或員工負責，中心點是怎樣滿足他們的工作需求。

3 · 向公眾負責，提供令顧客滿意、令社會滿意的服務。

4 · 向自己負責，遵紀守法。

經理職責的四個內涵

1 · 目的性：為什麼要做這項工作。

2 · 權力：主要指權限的範圍。

3 · 責任：向誰負責，負怎樣的責任。

4 · 任務：要完成哪些任務，什麼時間完成。

經理向管理部門承負的十大責任

1 · 準時完成任務。

2 · 控制成本。

3 · 維持標準。

4 · 執行政策。

5 · 改進工作方法。

6 · 保持紀錄。

7 · 向上級反饋訊息。

8 · 報告員工工作狀況。

9 · 維護飯店形象。

10 · 保護財產。

經理對下屬、員工承負九大責任

1 · 公平分配工作。

2 · 指示必須明確。

3 · 評估成績。

4 · 培養人才。

5 · 向員工傳達有關飯店政策方面的變更。

6 · 處理各方面投訴。

7 · 商議及執行紀律，並能發現、解決現實中存在的問題。

8 · 保證員工的人身安全。

9 · 使員工工作愉快。

經理向公眾承負五大責任

1 · 儘量清除公眾在飯店內活動的障礙因素。

2 · 對公眾的幫助需求予盡力協助。

3 · 告知最新消息。

4 · 有禮貌。

5 · 有效地處理投訴。

經理向政府承負的三大責任

1 · 遵守國家的法律條例、規章制度。

2．確保從業員工與政府合作。

3．避免發生各種違反原則的問題。

工作標準的內涵

工作標準是一項關於工作表現的聲明，必須能夠令標準的制定者與執行者雙方都滿意，即取得上級要求與自己部門實際執行之間的平衡。

它可以用來衡量從業者的工作能力。以工作標準的執行情況來衡量，管理人員可以發現哪項作業需要培訓，以擬訂未來的工作計劃。

需要工作標準的三個理由

1．確保上級要求的工作能夠保質保量的完成。

2．明確哪一方面需要改進。

3．使工作個體能夠不斷從工作中得到滿足。

好的工作標準的四個標示

1．上下級一致認可。

2．行得通。

3．可以評估、預測、衡量。

4．具有穩定性。

五大用語——含混不清的標準表述

1・「這樣就夠了」。

2・「足可以了。」

3・「盡快……」

4・「合理地……」

5・「……可取」。

這些表達的含義十分含混，日積月累，往往會使標準面目全非。

明確工作標準五個要點

1・量的標準：「多少」。

2・質的標準：「怎樣」。

3・時間標準：「何時」、「多久」。

4・成本標準：「多少」。

5・方法原則：「用什麼」。

標準的制定者要不斷地用這些問題自問。

讓員工把工作做到最好的四個訣竅

1・明確工作內容。

2・告知上級希望他們達到的標準。

3・明確工作中的程序、細節。

4・檢查工作進展如何，適時加以激勵、表彰、批評或處分。

管理失敗的四個原因

1・不願花時間改進自我的能力和工作方法。

2・沒有充分瞭解自己的工作。

3・缺乏必要的知識和技能。

4・與下屬關係惡化。

優秀管理者的八個特點

1・表揚工作好的下屬與員工。

2・確定工作標準。

3・理解下屬，並對個別下屬有深刻的認識。

4・以誠懇的態度聽取下屬的意見。

5・向下屬通告關於他們工作的進展狀況，並講明上級的期
望。

6・明確指示工作的程序。

7・旗幟鮮明地糾正低劣的工作表現。

8・懂得培養、使用、選拔、推薦人才。

不好的管理者的八個特點

1．當眾指責下屬。

2．對個別下屬有偏愛。

3．說話前言不搭後語。

4．過分監管。

5．不能有效地維護紀律。

6．不能控制自己的情緒或行為。

7．不懂得有效地分配工作。

8．濫用職權。

第十章 飯店「卓越經理」評估

一、飯店經理評估

透過經理評估制度，促進諮詢成果轉換

毋庸置疑，飯店顧問的工作是諮詢、診斷。但諮詢、診斷不是目的，目的是要「治病救人」，是幫助飯店發展。因此，導入經理評估制度，並透過評估，直接作用於諮詢成果轉換為推動飯店經理自覺行動的進程，即成為現代飯店管理的重要手段之一。

而且，經理評估也是諮詢、診斷工作的一個組成部分，因為大政方針制定以後，「幹部就是決定因素」。

同時，經理評估也是對經理的集中培訓、引導過程，更是對諮詢、診斷成果的一個檢驗。

經理素質評估的四個基本面（二十八點）

其一，個人能力，包括九點：

1.自學能力。

2.經營、管理問題的綜合分析能力。

3.口頭表達能力。

4.書面表達能力。

5.本職業務操作能力。

6.現場決斷能力。

7.推動制度與業務創新。

8.身體適應工作。

9.禮貌對話。

其二，工作績效，包括五點：

10.辦事效率。

11.辦事效果。

12.在經理、員工中的威信。

13.服務與經營創新成果。

14.榮獲各類先進稱號。

其三，個性素質，包括六點：

15.遵守紀律。

16‧把握基本原則。

17‧求實。

18‧對外競爭態度明確且敏感。

19‧有自知之明。

20‧做事堅韌。

其四‧知識結構‧包括八點：

21‧市場常識。

22‧理解政府有關政策。

23‧管理常識。

24‧專業理論知識。

25‧人文學科常識。

26‧外語。

27‧網路應用。

28‧服務品質常識。

以細節評估經理素質

對於一個成熟的飯店而言，對經理素質的評估，除了上面四個基本面的指標外，還要關注細節，即要透過探討當期重點的細節問題，來引導經理素質的提升，其中包括對部門存在問題應承擔的管理責任，如：

1‧部門準時出勤率是多少？

2‧部門員工請假有無按流程審批？違規幾次？

3‧有沒有完成對員工培訓的任務？品質評估分數是多少？

4‧給飯店內刊投稿次數是多少？

5‧跟員工談話多少次？每次時間多久？有沒有談話記錄？所承諾的事項落實了多少？

6‧與客人預約後有沒有踐約？

7‧有沒有與迎面而來的員工主動打招呼？

8‧著裝是否得體？化妝是否到位？有沒有佩戴不合規定的首飾？

9‧跟下屬或同事說話是不是禮貌？

10‧有沒有在辦公室吃零食？

越是級別高的人員，越容易在這些細節上出問題，而高層管理人員若「寬以待己」，則勢必難以要求下屬與員工執行嚴格工作規範，所以，評估要關注這些「似乎沒有必要的」細節。不過，這些問題的處理，則不應落實在指標上，而應形成紀律，若違規，隨時處理，以求實效。問題永遠出在細節上。

飯店（經理）績效評估的基本指標

1‧營業收入。

2‧營業利潤（GOP）。

3‧賓客滿意度。

4‧員工滿意度。

5‧安全與衛生狀況。

整個指標按100%計。其中，營業收入與利潤指標的設定，應

根據飯店運行週期進行調整。如開業初期，應重點強調收入，而利潤比例應適當；進入穩定經營期後，指標比例可以對調。評估的基本數據則可以根據營業日報表得來。

賓客滿意度指標及其評估本身是一個系統工程，飯店顧問應專門設計評估問卷，與飯店方共同確定及格線。然後，建立電腦派房號系統，每日抽取住客對象，再由飯店設專人（一般是大廳副理或客戶關係經理）具體落實與客人接洽、發收問卷事宜。問卷收取後，應向客人贈送小禮品表示感謝。然後，委託專業公司（第三方）進行統計。第三方公司可根據情況進行訊息核實，並每月提供一次分析報告。

員工滿意度調查的內容，大體分兩部分，一是透過第三方公司、飯店集團總部或飯店專門小組，設計員工滿意度調查問卷，確定得分指標，並組織面對員工的問卷調查，以瞭解員工需求、對管理現狀的認識、建議與意見等。二是設定經理、員工流動率指標，並根據實際情況進行評估。兩者的指標比例，也可以根據飯店運行的具體情況進行調整，也可以只使用一個指標。

安全與衛生狀況，以日常定期、不定期檢查打分為主。同時，設定事故標準，實施「事故一票否決制」。

下面是某飯店平穩期評估指標設定的比例樣本：

1·營業收入占5%（開業期占65%）

2·經營利潤占65%（開業期占5%）

3·賓客滿意度占12%

4·員工滿意度占6%（開業期只評估員工流失率）

5·安全與衛生占6%

6·輔助指標完成狀況（參見「四類輔助指標的評估」）占6%

四類輔助指標的評估

輔助指標，又稱為保障性指標，指為確保飯店經營長期、穩定的發展，而設定的費用支出指標。這部分費用沒有用完的部分，不計入年終利潤；或經財務審核不符合定向原則部分，不計入相關支出。一般，該指標應包括

1.設備小修費用支出。

2.廣告宣傳費用。

3.綠化費用。

4.員工培訓費用。

設備小修，是指設備大修之外的日常性維護、維修與保養，兩者之間的標準界定，可根據飯店的具體情況制定。設備小修的目的，是為了確保為客人提供的任何產品，能長期符合標準。設定設備小修這一評估指標，可避免能過且過的短期經營思維帶來的不利影響。

綠化費也一樣不是可有可無的，因為涉及到服務標準維護。

廣告宣傳費用的支出，則是為了避免飯店在經營旺季不注意形象宣傳，或在經營淡季捨不得宣傳，而造成後期難以為繼的局面。

培訓費用的支出跟員工滿意度指標直接相關，所以，應有絕對的保障。

下面是某200間客房、800餐位、400名員工、經營五年期的飯店輔助指標設定標準樣本：

1.設備小修費用支出52萬元/年。

2.廣告宣傳費用47萬元/年。

3．綠化費用18萬元/年。

4．員工培訓費用800元/人/年。

評估形式

經理（以及各級管理人員）評估工作，是飯店工作不可或缺的一部分，但應把握「從簡」的原則：綜合評估每年頻率不宜超過四次；單項指標評估每月不宜超過一次；面向全員的評估活動，每年不宜超過兩次，以避免走過場，或勞民傷財。評估的主要形式，可以為以下四種：

1．透過問卷形式進行民意測試

主要對象為全體員工或員工代表，此評估結果可能影響下一年度工作安排。

2．經理會議評估

飯店高階管理人員（總監及以上級別）以飯店二級部經理為主要對象；部門經理與副經理以部門領班或主管及以上人員為對象。以不記名投票形式進行評估。

3．專業小組評估

參照飯店設定的考核指標，依據統計數據，就其季度或年度完成指標情況進行評估。一般，完成指標者可以參加飯店優秀經理評選。

4．季度優秀經理評選

季度優秀經理評選，一般以飯店內部嘉獎為主，或設「我是如何管理部門的」或「我是如何做好本職工作的」等題目，發表口頭演講，同時，提交書面資料，以利於交流，共同提高。

素質評估與業務評估的影響

經理素質評估，可能影響到下一聘任年度的經理聘任、調職；而業務評估則可能影響到其個人的月度及年終獎勵。

二、促成「卓越經理」的自動自覺

第三隻眼睛：自我評估

經理素質評估的目的，在於引導經理日常工作的努力方向。因為人是需要有一定壓力的，而這個壓力，具有導向性，可引領經理走向「卓越」。

我們可以從這裡看到「員工的眼睛」──來自於員工的評估。

績效評估的實質，則在於考察業務能力。當然，業務完成得好並不一定就是「卓越經理」，反過來說，業務完成得不如意，也不一定是「一般經理」或「差的經理」。因為很多時候，經理作用的發揮可能受到多方面因素制約，包括主持業務的時間、飯店的硬體標準、外部市場競爭狀況、專業是否對口、上級能力等等。

我們可以從這裡看到「市場的眼睛」──來自市場的評估。

透過以上內外兩項評估，經理的兩面，將完美呈現。但還不是立體的，必須有自我的參與才可以。也只有自我真正參與了進來，評估的目的才能真正實現。

在這裡，我們將看到「自己的眼睛」──來自於自己的評估。

經理自評的三個等級：「差」、「一般」與「卓越」

自我評估，就是透過一些具體的指標，知道自己是「怎樣的狀況」。可以四個等級來自我衡量：

1・差的經理。

2・一般經理。

3・好的經理。

4・卓越經理。

顯然，「差的經理」與「卓越經理」是兩個極端，所以，通常是少數；而「好的經理」與「卓越經理」的界限，又常常不是很清楚，因此，這裡我們選擇「差」、「一般」與「卓越」三個標尺，作為我們進行自我度量（評估）的單位。

「卓越經理」的八十六個標準

所有經理，不管財務、服務一線、工程、銷售、訊息負責人，還是更高級的業務經理、行政經理，都應該把至少75%的時間花在辦公室以外，至少要有50%的時間在服務現場，要讓員工們感覺到，經理在傾聽他們的意見，並能激勵員工盡最大努力去工作。

切忌，不要說這句話：我不是對你這樣說過了嗎！部下出了錯，先要在私下提醒，再教之及時改正的辦法。

「卓越經理」的標準，大致有八十六條：

1・樹立良好的榜樣，以身作則。

2・決不洩漏他人的機密、隱私。

3．對指示和規定的緣由加以說明。

4．幫助部下在發言之前整理思路，穩定心緒。

5．待事持客觀態度，不偏聽偏信。

6．遇事讓當事人自己做決斷。

7．關心部下及他們所做的事。

8．不想出風頭。

9．不讓部下喪失信心。

10．部下學習新事物時，親自給予指導。

11．富於同情心，善解人意。

12．堅決，但以公平合理為原則。

13．注重過程，著眼於結果。

14．部下或同事遇到困難時，主要讓他們自己想法解決，並從中給予最大的支持。

15．幫助人明確自己的處境。

16．耐心傾聽顧客、同事的意見。

17．不將自己的意見強加於人。

18．平易近人。

19．信守諾言。

20．能夠讓他人集中自己的注意力，以不偏離主目標。

21．工作中身先士卒，吃苦耐勞。

22．謙虛。

23．為自己培養成的人才而自豪。

24・評價要實事求是。

25・堅持走出去的管理服務方法。

26・從不炫耀自己的權威。

27・直率、坦誠。

28・給人再試一次的機會。

29・開門、開放管理服務。

30・語言能力要強，言談容易為人接受。

31・不算舊帳。

32・鼓勵忠厚老誠。

33・虛心聽取意見並切實去實施其中有益的部分。

34・儘量讓部下自己確定完成任務的日期。

35・有了成功要表示慶賀。

36・不隱瞞壞消息。

37・給部下或同事以充分的時間來準備討論。

38・熱情。

39・只要認為是有效的、正確的，就堅持到底。

40・耐心。

41・聽人發言全神貫注，以示尊重。

42・有幽默感。

43・只要不損及原則，分歧意見多在私下解決。

44・消除部下或同事的思想顧慮。

45.時時讓人覺得信心十足。

46.心裡話，和盤托出。

47.不是說「我」，而是說「我們」。

48.時時讓人覺得努力是值得的。

49.可以談論自己的煩惱，但決不大發雷霆。

50.有勇氣。

51.堅持搞培訓。這是需要毅力的工作，並可以作為我們考評經理的重要項目。

52.臨危不亂，幫助大家穩定情緒。

53.辦事儘量讓大家都參與。

54.希望別人成功。

55.樂觀。

56.無論出現怎樣的變化，都能安心地工作，直到最後一刻。

57.有才華，並以此享有聲望，出類拔萃。

58.認識自己工作的價值。

59.剛柔並用，寬嚴並濟。

60.相信他人能做好，能成功。

61.只提可以達到的目標。

62.肯宣講自己關於經營指導原則和價值準則的看法。

63.領會力強，不必每件事情都要挑明。

64.有強烈的緊迫感和危機感。

65·維護並保護自己身邊成員的個性。

66·無論思想還是行動都高於一般人的想像。

67·努力使他的組織成為行業整體中的佼佼者。

68·願意憑直覺辦事，認為感情是事實的反映。在待客服務過程中，這一點十分重要，只要不違背原則，就應全力以赴。

69·充分授權。

70·在部下或同事需要他的時候，總能找到他。

71·能在工作中尋到樂趣。

72·始終如一。

73·努力使事情簡單化。

74·容許別人公開提出不同意見。

75·有堅定的信念。

76·不圖己名，只求飯店聲譽。

77·常代人受過而不抱怨，有功勞則歸於別人。

78·精兵簡政。

79·把發展看成是尋求卓越的副產品。

80·尊重一切人。

81·想法取消控制。

82·關注並維護飯店核心價值觀。

83·把錯誤看成是學習的機會。

84·對部下始終如一，講信用。

85·即使有壓力，也誠實待人。

86．在飯店內提拔人才。

以上86點，大都是眾所周知的，沒有任何新意，但卻是最易為人們忽略的。可見，成為「卓越經理」不容易，除非這八十六條已經融化在我們的血液中。至少，它們將成為每一位飯店經理的努力方向。

「卓越經理」應做出表率的十九個細節

1．為員工倒開水、拉椅子或開門。

2．花時間與下屬員工談話。

3．開門辦公。

4．跟部下在工作場所愉快相處，微笑，而不是板著臉。

5．不設專用的餐廳或其他專用設施。

6．每日巡視服務現場，與客人友好地打招呼。

7．上班早，下班晚。

8．定期向員工作深入淺出的飯店價值觀報告。

9．很好找（見）。

10．開會時，表現堅毅，敢於面對困難，給人信心。

11．叫得出部下的名字。

12．需要時，髒活累活搶著幹。

13．少花時間與下屬經理海談，或過多地參加外單位的活動。

14．下屬報告問題，親自到問題現場去解決問題。

15．懂業務，熟悉行家解決問題的基本手段。

16．自己有錯誤要認錯，部下認錯要安慰。

17．不完全相信或喜歡書面報告，而樂於與人直接交談。

18．堅信飯店內至少還有兩位同事可以當好總經理。

19．當員工活動的「啦啦隊長」。

「一般經理」做事的六個基本底線

如果目前經理尚無法達成「卓越」，那麼，退而為「一般經理」，則應至少做到以下六點：

1．待下屬如同事。

2．經常注意找機會，讓下屬去學習、體會一些新工作和新任務。

3．使飯店的準則和行為規範通俗易懂，幫助員工透過目前的行動，來理解這種飯店文化的核心價值。

4．根據某員工最近的成績和缺點，跟他探討事業、前途規劃和目標，使其有信心。

5．不要因為某人的特殊才幹或能力而感到受威脅。

6．盡力鼓勵、熱情讚譽他人的成功。

我們這樣做，旨在使飯店文化的精神得以充分貫徹，使所有人都對飯店行為準則和現行政策方針的宗旨具有高度的敏感，但又不落為它們的奴隸，在執行政策與服務暢通間找到平衡點。

經理的卓有成效的管理服務，歸根到底，就是要培養他的員工及其他人員，既珍視飯店的指導思想（核心價值），又能創造機會

檢驗並進行適當的現場指導。

從「一般經理」滑落到「差的經理」的七個徵兆

如果作為飯店經理，連上邊六個底線都守不住，那麼，將必然由「一般經理」滑落到「差的經理」行列。而下邊的問題，可能是處於「差的經理」邊緣的最常見的徵兆。

1．助長別人對你的完全信賴。

2．去控制、去訓斥，而不是指導和支持別人的工作。

3．替部下護短，或不讓他們知道壞消息。

4．專說別人想聽的話。

5．干預應由別人做主的事（決定）。

6．只親切地對待你相同立場的人，而對立場不同者或不同專業目標的人顯得冷漠。

7．過分強調競爭，強調適者生存，而使部下相互傾軋。

「卓越經理」為人做事，總的原則，是要扶持他人，「給人方便，給人自信，給人歡喜」。這是管理服務的精髓所在。

你必須把最有才能的人放到實際工作中去鍛鍊，自己則只是慢慢地、間接地期待回報，如果做不到這點，一味強調管、教，結果造成人員積壓，互不服氣，在背地裡說短道長，必然事倍功半。

「差的經理」的三十七個特徵

1‧見不到面。

2‧只給員工下達命令，只讓他們執行。

3‧自我第一，只關注自己。

4‧只想個人的報酬、地位以及別人對自己的看法。

5‧跟部下在一起不自在，無話可談。

6‧不巡視服務，只在辦公室裡坐等資料。

7‧上班晚，一般都是準時下班。

8‧同下屬在一起很勉強。

9‧誇誇其談。

10‧善於表現自己掌握各種複雜事物的能力。

11‧對上級公道，對其他人則只是利用。

12‧依靠別人出主意。

13‧傲氣十足。

14‧搞大部頭的政策手冊，喜歡備忘錄和長篇報告。

15‧粗心大意，一切公開。

16‧自認為從無錯誤，一味責怪別人，興師動眾，沒完沒了‧甚至為推卸責任而找替罪羊。

17‧只在與己利害攸關的事情上，才表現出韌性。

18‧使事情複雜化，使之看起來很困難。

19‧不容人家提意見。

20·不知部下員工姓名。

21·在需要作決定時動搖不定。

22·決不幹髒活、累活，只當指揮。

23·只相信紙上的文字和數字。

24·一切的最終決定權都抓在手裡。

25·花很長時間與外單位經理周旋。

26·功勞歸自己，抱怨手下人能力太差。

27·避免幹得罪人的事。

28·喜歡把攤子鋪得越來越大，越來越複雜。

29·出了問題便出來瞎指揮，或叫到辦公室裡開會。

30·把個人發展看成是首要目標，如提升、長薪資。

31·喜歡加強控制。

32·不能發現行家，也不承認行家。

33·信口開河，模棱兩可。

34·立場不穩定，投上司所好。

35·搞神秘主義。

36·不讓那些有可能成總經理的人留在飯店裡。

37·把犯錯誤與受懲罰等量齊觀起來。

三、促成「管理」向「管理服務」的轉變

　　諮詢、診斷結果要化成人們的自覺行動把握兩句話，可能受用無窮：

　　1．觀念決定行動。

　　2．別人晒太陽，自己不會溫暖。

　　飯店諮詢、診斷要達成的基本目標，首先是告訴別人怎樣做，這是完成本職工作。但更重要的，是要幫助飯店人，把成果用於行動，即變成「自己的東西」，促成「自動自發」，那才有意義。

　　這個「自己的東西」，就是人的觀念。

　　因此，此前反覆強調，要千方百計地消除飯店成員的抗拒、疑懼心理，為的就是要幫助大家形成「自己的觀念」，變「要我做」為「我要做」，則飯店將從此朝氣蓬勃，力道大增。

管理服務觀念：由「控制」走向「服務」

　　「管理」這個詞，很容易讓人聯想到負責人、機關官員、分析家、審查機構的人們的形象，給一個種「控制、安排、居高臨下、壓制別人」的印象。

　　顯然，這並非現代的服務業的管理服務，傳統的「管理」觀念已經落伍了。

　　真正的管理，是發揮大家的主觀能動性，鼓動熱情、幹勁，是建設性的，是對不合理的束縛的一種突圍，並以此求發展的活動。其實質，是一種服務。

我們稱後者為「管理服務」。

重新審視「管理服務」原則

成功的原則中，有兩點至關重要：

1．對服務組織（飯店）充滿自豪感。

2．對服務本職（飯店）工作滿腔熱忱。

這便要求經理從關心硬數據、資金平衡表等方面，轉向關心軟體——價值標準、遠見、抱負和誠實上。

前者涉及管理服務技術，後者則是管理服務。

在堅持價值標準的同時，要堅定不移地關心、尊重、重視下屬。只有這樣，經理也才有資格要求員工付出工作熱情。

現代管理服務的一般模式

飯店無大事，服務無小事。因此，任何經理都應從小處著手，只要有助於優質服務目標的實現，一切便都不是微不足道的。解決細節問題有三個關鍵：

1．信心。

2．關心。

3．誠懇。

要透過優質服務和優質產品來關心顧客，要透過宣傳飯店觀念來樹立自信心，保持以誠待人的態度——無論同事還是顧客，這樣也便使飯店創新、進取有了最根本的基礎。

當然，這種認識不是否認其他管理服務基礎因素的意義，財務管理服務同樣重要，並且一定要嚴守原則。但即使在這裡，我們仍然強調：飯店所出售的不是財務管理服務，而是優質服務的優質產品，即財務管理服務必須服務於這箇中心。

正如美國未來學家柯斯汀所言：「在學校，安排好預算當然重要，但預算好了並不是好學校的標示。出色的學校之所以出色，就在於他們能成功地塑造學生。學校是服務組織的一部分，學生是顧客，同時也是面對社會的產品。」

他還設計了一個現代管理服務的模式：

現代管理服務＝關心顧客（外部變量）＋創新精神（外部變量）＋依靠自己人（內部變量）＋通透安排、領導（內部變量）

「管理服務」思維下的「領導」

領導，意味著遠見、信賴、信仰、鼓動、幹勁、友愛、才幹、熱情、執著、始終如一、培養各層次的英雄典型、輔導、有效實施「巡視管理服務法」等等。這裡，特別要強調遠見，以讓人信服；強調信賴，以相信別人；強調信仰，以恆定自己的價值取向。

領導，就是運用注意力。善於利用注意力的人不僅是善於運用標準和戲劇手法的人，而且，還是善於講故事、激勵他人的人。

現代管理服務，要求經理們離開自己的辦公桌，到處走走，溝通內外：

1．關注顧客

經理要到現場去，保持與顧客的聯繫，注意到顧客的各種細微變化。

2．改變理論上的同行即冤家的關係以及上下級之間的關係

透過聚會等形式，把大家聚攏到一起，以合夥人身分，共享一切成果、經驗。以較小的代價換來家庭式相互配合的意識，一切著眼於人。

3．要有人情味，要營造良好的工作氛圍

花一些時間搞公關，以一種並非客套、敷衍的方式向周圍的人表示熱忱。

4．要創新

要關注創新，讓每人都拿出自己的東西來，讓每個人都有機會評論他人的東西。

5．充分發揮顧客的創造能力

此間比較常用的工具是顧客意見調查表。

6．寬嚴並濟，核心力量在誠實

重視制度、規範，並不能強化寬嚴相濟的原則。現在，很多經理以為有了正式的制度，就可以認為即使有點前後不一致或缺乏誠意，也能混下去，因為正式的規章制度本身，的確有一定的影響力。其實這種看法很危險。因為任何一項重大措施（制度、規範），都必須以千百個具體的措施為基礎，每一個單獨的措施或許微不足道，但合起來的力量卻是無窮的。要使這每一個細小部分都緊密的聯合起來，這背後支撐的力量是誠實。只有當經理誠心時，管理服務方可奏效。

第十一章 飯店業「優質服務管理」評估

一、服務品質的四個等級界定

飯店星級標準與服務管理品質

飯店星級評定標準實施數十年來，為我們乃至世界的飯店業都樹立了一面旗幟。它促成全球飯店業迅速接軌。

然而，這個標準在今天的作用，已經遠遠不如從前了，為什麼？

因為當年所面對的，是「硬體標準」——飯店功能性服務（俗稱「硬體服務」）那一部分，而情緒性服務（俗稱「軟體服務」）這一部分，雖有提及，但實際上遠沒有落實辦法，比如賓客調查等項目，既不夠嚴密，也沒有操作性保障。

現在的情況完全不同，飯店的功能性服務大大提升，總體硬體品質甚至超過了部分西方先進國家，但同時，也出現了情緒性服務評估滯後的問題，以至於「同樣的星級，不一樣的服務」現象比比皆是，引發了旅遊市場的極大困惑。

未來的飯店星級評定標準，應「硬體標準」（現行）與「軟體標準」並行，內功、外功兼修，以確保服務的長期穩定，要從「內功」上重新奠定服務的新紀元。

這已勢在必行。

不過，由於服務品質品質不同於硬體，具有極大的模糊性，所以，對「軟體標準」的評估有一定的難度，也需要更強的專業性，為此，需要飯店顧問們做出更大的努力。

服務的四個等級：「差」、「一般」、「好」、「優質」

首先，服務品質管理的表象，必然要顯示於飯店的服務狀態，而此狀態，無非「差的」、「一般的」、「好的」、「優質的」四個等級。

當然，這些形容詞所代表的內涵，卻千差萬別，因此，我們將對此給予界定，以為飯店服務管理品質體系評估的建立奠定基礎。

1．「差的服務」與「一般服務」的概念

與「好的服務」相對應的是「差的服務」，而實際上，此二者

都不普遍。所以，我們必須要把目標集中在最廣泛的「一般服務」方面。

對於與「好的服務」相反的狀況，我們往往不直說是「差的服務」，而只說「算不上好」，或「不太好」。同樣，對「差的服務」之外的情形，也不直說「好的服務」，而只是講「不壞」、「不錯」等。這些狀態，可以理解為「一般服務」。

「一般服務」的表現形態，從「沒有什麼不滿，不過也難誇它怎樣好」，到「雖然不滿意，卻也不能是說它壞」，差別很多。並且，這種評價還因行業工種、經營狀況、價格等的不同而呈現出百態千姿。

不過，一般而言，當我們所接受的服務中包含了這樣兩種因素：一是最普通、最普遍的功能性滿足；二是最低限的情緒性滿足。當服務實現了這兩種功能性的滿足，就可以稱其為「一般服務」。達到了「一般服務」的水準，通常，人們對服務的不滿就不會很多。

然而，當我們所接受（或感覺到接受了）的服務連這種「一般服務」的水準都達不到，都沒有，或沒被感覺到，那麼，評價就只能是「差的」了。

2．「一般服務」有時也會被認為是「好的服務」

「一般服務」的標準不僅會因工種、經營狀況等條件的不同而不同，還會隨時代變遷、因社會差異而有種種變化。

儘管如此，其中，仍然存在著相當程度的普遍性和具有共性的條件。比如，服務水準目標的制定，服務方針政策的貫徹，培訓，服務活動的評估檢查，客人評價分析等，都是我們進行服務管理所需的共同項目。如果這些項目不能得以恰到好處的實施，則任何意義上的「一般服務」便都將無力維持，更談不上持之以恆地保持服

務水準了。

當然，也不可否認，有些時候，即使「一般服務」缺乏穩定性，客人也可能因某種環境條件而「意外」地做出「好的服務」的評價，但必須注意，這是「意外」，應歸偶然，而決非管理的成果。

3・「好的服務」：個性化服務的代名詞

所謂「好的服務」，即我們對服務快感感覺的評價。

這種服務，包含著我們所希望、所期待著的功能性服務內容，而又與情緒性服務相疊合，作為一個溫馨的整體被引向自己，當這種方向性為人所認可或感覺到時，心中便會油然而生一種「快感」。

它高於「一般服務」之處，在於有較強的方向意識，即個性化。

因為是對感覺的評價，所以，就本質而言，是「個性的」、「個體的」、「個人的」。

實際上，這種「好的服務」，正意味著它必須以「一般服務」的存在為條件，當我們所提供的「一般服務」具備了穩定性、連續性等特徵之後，作為結果的「好的服務」的大前提即已奠定。

進一步講，「一般服務」的水準越高，獲得「好的服務」評價的機會也就越多。

4・「優質服務」：對飯店組織化服務管理的評語

當「一般服務」達到更高標準，就是說，促成「好的服務」的條件相當充分，並為大多數客人所認可，則「優質服務」的基礎就已經奠定了。

在此基礎上，進一步實現管理的組織化、計劃性，「優質服

務」便成為一種必然結果。

　「好的服務」與「優質服務」之間並沒有明顯的界限，但後者更強調組織性、計劃性。這或許算得上「優質服務」的特徵之一。

　同時，我們還強調，「優質服務」並非關於「個別性感覺」的評價，也不意味著服務提供者的個人技巧和努力。「優質服務」概念的要點，在於它是飯店、事業部門對單位的「管理狀況」的評語，是一種全面提高服務品質的狀態。

　這個概念將有助於我們開拓各個飯店的服務經營，提高服務水準，並促成高品質服務的普及化，促成有關評價標準的一致性。

二、展開「提高服務品質」活動

「優質服務」產生於「提高服務品質」活動

　「一般服務」的穩定提供，是「好的服務」生成的基本條件，但要獲得「優質服務」就不能僅僅停留於此了。

　要不斷地對「一般服務」進行檢查、改善，保持並提高服務水準，朝更高的目標努力，展開「管理活動」。可以斷言，這種活動需要持續不懈的努力方可奏效，如果無法保證這種持續性，那麼，今天它是「一般服務」，明天是否仍能這樣便成了問題。

　因此，「優質服務」只能在「提高服務品質」活動廣泛展開的基礎上才可能實現，才可能獲得這種評價。

「提高服務品質」活動的三大意義

「提高服務品質」，是一種以「好的服務」為努力方向，依飯店服務者自行設定的基準和目標，積極地、堅持不懈地創造更加令人滿意的服務的長期活動。

在此意義上展開提高服務品質的活動，因此而具有三重意義：

1・它能夠促使各服務工種的從業者，加深對其正在從事的工作意義的理解，在提高工作熱情、使命感、責任心及認識自己的生命意義方面，發揮作用。

2・從業者勞動積極性的提高，將促成他們向客人提供滿意的服務，對確保在增加客源量、完善事業整體經營的過程中發揮作用。

3・創造更美好、更豐富的服務產品，以便在質上，推進全社會的服務化進程。

提高服務品質，必須認識到「組織整體」的意義，要依靠整體共同努力。

因此，該組織的各成員，便極有必要，對各自的服務特性、經營課題等，有一個共同理解。這是提高服務品質的大前提和出發點。同時，也是「優質服務」不可缺少的條件。

三、「優評審」與「優質服務管理獎」

組建服務品質管理評估審核機構：「優評審」

1．飯店服務管理品質的評估，不面對個人，而以飯店組織為對象，故應自成體系。

2．該體系所面向的，也不僅為一個飯店組織，而是飯店集團乃至行業整體。因此，建立起這樣的體系還需要大環境、大氣候的配合，需要全社會的合作。

3．該體系必須具有權威性、指導性和批評功能，並經過努力具備社會性影響力。因此，應為此建立一個專門的審核機構，並擁有足質足量的專業飯店顧問。

4．該機構可以設在「中國飯店星級評定委員會」內，並以「中國飯店業優質服務評審委員會」或「中國飯店服務品質管理協會」等名義為飯店業提供服務。如需要，再另設分支機構相銜接。若飯店集團自行設立此項評估機構，也可參照此名稱或辦法。

5．為方便起見，這裡取「飯店優質服務評審委員會」一名稱，簡稱「優評審」。

「優評審」工作的五個基本目標

「優評審」的工作目標，即透過專業飯店顧問考察、評估、表彰那些為社會提供了優質服務的飯店、飯店集團，來實現——

1．促進飯店消費者對優質服務的認識，由此開發更高品質的

服務。

　　2‧促進飯店從業人員服務意識的提高。

　　3‧為中國飯店星級評定標準，增加品質的內涵，使之更具價值。

　　4‧促進、強化良好的服務風氣，提高飯店行業的社會地位。

　　5‧為提高社會整體的服務品質做出貢獻。

服務品質等級評估與飯店星級評定標準之間的關係

　　根據飯店服務品質「差」、「一般」、「好」、「優質」四個等級來劃分，應以「優質」為基本目標，此項評估才具有更大的社會意義。

　　此項評估可以用於飯店星級評定的加分項目。

　　可以考慮按品質等級，設定不同分數，而「差」將遭淘汰；「一般」則應限期整改；四、五星級飯店應至少達成「好」的標準；白金五星或更高星級飯店，則應達到「優質」標準。

設立「飯店優質服務管理獎」

　　為建樹「優質服務」的社會價值，應針對「優質服務」設立獎項以資鼓勵。這也有助於將「飯店優質服務」理念推向更加廣泛的領域，即超越星級評定與星級飯店本身，而輻射到非星級飯店（不參與評星的飯店有增長趨勢，應予關注），甚至可以跨越飯店業，成為整個服務業品質評估的標準，創造一個社會服務品牌。

設該項獎勵名稱為「飯店優質服務管理獎」，由「優評審」組織評審。

「優質服務管理獎」的標準，將不限於客人好評或行業等級評價（包括飯店星級評定），而更關注如何從根本上解決服務品質問題，即考察兩個問題：

1．飯店實施提高服務品質活動的計劃、實施、檢查情況如何？

2．最後評估的成績怎樣？

顯然，「優質服務管理獎」評估，完全不同於「擇優錄取」式的評估，因為被「擇優」者，可能只是「相較而言優質」的飯店，因此，會造成誤薦或濫竽充數的情形，令人產生「山中無虎，猴子稱大」的擔憂。而「優質服務管理獎」規避了這一點：

對照既定標準，根據其達標程度來選擇授獎對象。這樣的方法，我們命名為「資格評估審查法」。

獲「優質服務管理獎」飯店的四個基本條件

1．飯店必須有計劃、有組織、持續地展開優質服務活動。

2．「優評審」應按標準進行考察、評估，評判出「差」、「一般」、「好」、「優質」四個等級。然後，淘汰「差」、「一般」、「好」三個等級，關注提供「優質服務」的對象。

3．獲評「優質服務」飯店將成為同業榜樣。

4．評估結果，將具有技術轉移的可能，並成為同業借鑑、參照的標準。

四、「優質服務管理獎」設計概要

設獎種類

1 · 名稱：優質服務管理獎。

2 · 英文：Distinguished Excellence of Management and Service Award（簡稱DMSA）。

3 · 設「金星獎」與「銀星獎」，以示「優質服務」等級範圍內的差異。

「金星獎」頒發給那些被「優評審」認定：

1 · 服務品質管理已促成服務水準提高、服務內容豐富、服務環境改善的機制已在飯店整體中確立。

2 · 已取得經濟與社會效益雙豐收。

3 · 評估成果可供同業同工種、在同等經營狀況下借鑑。

4 · 對其他服務行業或工種，也有參考價值。

「銀星獎」頒發給那些被「優評審」認定：

1 · 超過「好的服務」標準的飯店，但與「金星獎」標準尚有一定差距。

2 · 在促進區域服務業發展過程中發揮獨特作用。

3 · 在開發該區域前所未有或尚未被廣泛利用的服務業務方面，做出卓越貢獻。

「專審委」

評估事宜由「優評審」負責實施，但同時，應內設「優質服務管理獎專業審核委員會」（簡稱「專審委」），該中心將依「優評審」標準，透過書面資料評審及現場評審，確定入選飯店或部門。

頒獎及表彰

1．經「優評審」嚴格考察、評估，推薦出入選飯店或部門名單，由「審核中心」決定。

2．入選飯店或部門將獲得獎狀和紀念品，以示表彰。

3．入選飯店或部門將派代表參加相應級別的「飯店優質服務獎」表彰大會，並進行演講，以宣傳推廣經驗。

參評飯店的條件

1．參加星級飯店評定飯店。

2．非星級飯店，以飯店為單位參評者，正式員工必須在25人以上。

3．以飯店部門為單位參評者，該部門員工必須在10人以上。

五、「優質服務管理獎」的評估與審查

評估與審查的五項標準

評估與審查的標準應該相同，並致力於更加客觀地反映飯店服務管理水準的真實。這樣的標準，應至少包括五點：

1 · 提升服務品質活動的組織與計劃性。

2 · 飯店經營績效。

3 · 飯店組織效率。

4 · 優質服務的持續性。

5 · 優質服務技術轉移的可能性。

透過這樣五點服務標準，來縝密分析其間的平衡程度，並依此評定出達到「優質服務管理獎」標準的對象。

此處要注意，「優質服務管理獎」的評估審查一定要嚴格保密，不得公開任何未能達標飯店的情況，也不得記錄任何屬於飯店秘密的內容。

五項標準的內涵

1 · 有組織、有計劃地提升飯店服務品質

指該項以提供更加優質服務為方向的活動，必須有完整的實施計劃。計劃對象應面向社會（客源市場）而非具體客人。活動必須依託飯店組織整體或飯店集團的部門，而非局部或個人。

2‧飯店經營績效

指作為「有組織、有計劃地提升飯店服務品質」（標準1）的結果，能促成飯店經營效益上升，並受到客人和社會好評的綜合狀況。

3‧飯店組織效率

指作為「有組織、有計劃地提升飯店服務品質」（標準1）與「飯店經營績效」（標準2）的結果，能充分建設有效的服務機制——員工服務願望高，工作積極主動，能保證向客人提供「滿意服務」的狀況。

4‧優質服務的持續性

指飯店能將「飯店經營績效」（標準2）和「飯店組織效率」（標準3）作為一種「客觀結果」加以把握，則能促成「有組織、有計劃地提升飯店服務品質」（標準1）成為其必須條件。此外，我們還需附加規定：保證飯店在至少三年時間裡，都能提供同樣服務，並以此為重要評定依據。

5‧優質服務技術轉移可能性

指「有組織、有計劃地提升飯店服務品質」活動的各項宗旨、思想、方法體系等，可以為飯店業同行共享。

實現五項標準是一項長期任務

透過評估、審查，均滿足以上標準的飯店，即可被認定為「優質服務管理獎」得主。而其中的難點，應在於計劃性（標準1）達標情況，能否與其餘四項標準取得平衡，以實現真正意義上的「PDCA」。這也是飯店顧問要下大功夫來做的事情。

換言之，任何時候，有計劃、有組織地展開提高服務品質活動（標準1），併力爭在這方面取得成就，都是先決條件，無此努力，後續的所有工作將一事無成。但同時，飯店經營業績的不斷提高（標準2）也十分重要，因為飯店必須以收益對業主（股東）、員工負責，而且，這也是飯店展開有組織、有計劃的優質服務活動的目的之一，更是全員努力追求的必要結果，是所提供的服務得到社會充分肯定的第一物證。

不過，後面的問題仍很複雜——雖然飯店經營績效看好（標準2），卻也可能出現員工對工作滿意度降低（標準3），致使員工流失率過高。如此，則為「連續不斷地向客人提供好的服務」（標準4）機制留下病根。故需特別警惕。

此外，「優質服務管理獎」的最大亮點，還在於使提高服務品質的管理思想、方法的一部分或全部，能成為其他飯店或飯店集團部門的模範或工作參考（標準5），以打破傳統式的行業封鎖以及「同行即冤家」的狹隘心態，否則，其意義將減半。

顯然，推行五項標準必是一個體系化工程，其中任何一個環節的問題都可能影響到整體，而且，單單一家飯店或一個飯店集團的進步也不足以達成目標，必是飯店業整體均能透過持續不斷地提升現有服務品質的努力，才有實現的可能。

六、「優質服務管理獎」評審實施方案

「優評審」項目小組的組成

「優評審」是實施「優質服務管理獎」的主體，在推動服務品

質提升的事業中，發揮著舉足輕重的作用。因此，其成員必須具備專家資格，是名副其實的飯店顧問，精通飯店部分部門職位或全部業務。進一步，他們還要掌握關於服務的專業知識。

這也是飯店顧問以及一切專家應具備的基本條件。

「優評審」人數不宜過多，以十人為佳。一般應由行業行政主管部門或行業協會指定負責人，並設常務管理辦公室。

成員中至少要有三至四成女性。同時，必須有一半以上成員掌握深厚的飯店診斷及經營分析知識，並有顧問經驗。

這樣組合起來的機構，才可能具有極高的權威性。

在操作具體某一飯店的評估時，應參照以上人員成分（結構）組成「項目小組」來實施。

入圍者

「優質服務管理獎」參評飯店，須提交「優評審」指定的各類文件、資料，以為申請的基本條件。凡在指定期間提交所需文件、資料者，均可認定為「入圍飯店」。

評審的三個階段

1．初評

初評指文件、資料評估階段。

初評，主要以飯店或飯店集團部門提交的文件、資料為基礎資料，圍繞著「計劃性」標準這一核心，並兼顧其餘標準，對報告所指的達標程度，進行評判。

如果提交的文件、資料顯示該飯店已充分達標，甚至超過標準，便可以認定其已經達到「文件評估合格」水準。

這些單位，即可以成為下一階段評估的對象。

2．複評

複評指「優評審」項目小組成員到服務現場進行評估的階段。

複評，是現場評審。「優評審」項目小組成員深入飯店現場，與有關人員直接接觸，透過面談、面試，進一步確認書面資料中展示的各項內容的真實性。同時，也在於透過對有關事項的直接詢問，對達標情況進行重新審核。

在方法上，有必要數管齊下，同時與多位從業者進行個別面談、面試，從而檢驗飯店方針、政策的「組織滲透」情況。

3．再評

再評，一般以暗訪為主，深入現場核實前兩個階段的相關結論。

再評的意義，在於透過暗訪，再一次對飯店所提供的服務加以評判。

這項工作，可以由「優評審」項目小組成員擔當，也可以由他們委託的人員來代替。一般情況下，他們將作為一位普通客人，到飯店消費服務設施，或瞭解組織狀況。暗訪全過程中不通報姓名與活動計劃。相關費用由另外的管道獲得返回。

再評過程中，飯店顧問須以客人身分體驗住宿、餐飲、休閒娛樂、購物等服務。必要時，還應變換時間、變換要求提供服務的方式，做多次、反覆檢查。

彙總《評估報告》並上交「專審委」

1.「優評審」項目小組成員分別編寫各階段評估報告，作為未來《評估報告》的附件。

2.項目小組成員對階段性報告進行會議彙總，詳細分析，多角度探討，形成綜合意見。

3.項目小組或由「優評審」指定書記員記錄並將終結意見歸納為《評估報告》，提交「專審委」。

「專業審核委員會」的組成及其後續作業

「優評審」與「專審委」分立，是基於公平原則設置的。

「專審委」成員必須由那些熱衷於提升飯店服務品質活動，並掌握淵博知識的各界人士組成，包括吸收相關行業、團體、消費者團體負責人、媒體人士參加。

「專審委」──「優評審」系統內的「專業審核委員會」的簡稱，負責對評估過程進行逐步檢查，以確定其評審方法的「可信性」。同時，還要對入圍飯店獲取「優質服務管理獎」的資格進行合議，確定「妥否」。

只有通過「優評審」與「專審委」的審議者，飯店業行政主管部門方可授獎。

「優質服務管理獎」授獎活動，可以透過「服務品質表彰大會」等形式來進行，並由獲獎飯店代表登場進行演講，介紹工作經驗，以此來實現「技術轉移」，使評估審核標準得以為提升全社會的服務水準做出具體貢獻，並取得實效。

這期間，「服務品質表彰大會組委會」要就會中有關演講內

容、形式等，與「優評審」進行磋商，並提出要求，再與當選飯店代表協商，加以確定，並明確飯店代表在整個活動中的角色。

原則上，飯店作為受獎者——服務技術傳播者，其所提供的服務特點等，是必講內容。此演講內容要組委會與代表事先確認。

「優質服務管理獎」評審的十三個主要步驟

1. 「優評審」組織發布徵集廣告或活動通知。

2. 飯店報名。

3. 「優評審」向報名飯店發送有關文件、資料的空白表單及說明書。

4. 飯店提交書面文件、資料。

5. 「優評審」根據資料確定「入圍」對象。

6. 組建「優評審」項目小組。

7. 初評：第一次書面文件、資料評估。

8. 複評：第二次現場評估。

9. 再評：第三次暗訪評估。

10. 綜合評定，提交《評估報告》。

11. 「專審委」審議。

12. 確定「優質服務管理獎」獲獎飯店。

13. 頒獎儀式及獲獎飯店的管理技術傳播。

七、初評（文件評審）要點

評估必備的兩類文件、資料

1．飯店概況。可設計為兩類，一類為單體飯店用，一類為飯店集團用。

2．關於保持、改善、提升服務品質管理水準的方針、政策及其實施情況的報告。

飯店概況（1）：總說明

飯店概況可以《飯店簡介》或《飯店服務指南》等既有資料代替，如果不夠充分，則可以補充書面資料。其中，以下內容必不可少：

1．開業時間。

2．行業（這裡主要指飯店業，後期可以延伸到餐飲業、零售餐點業等）。

3．主要服務內容。

飯店概況（2）：設施規模

必須是與評估對象相關的部分，如：

1．飯店集團或飯店的連鎖店總數、客房數、定員、客房的平均面積（公式：客房總面積÷客房數）等。

2．餐飲桌數、會場面積、宴會廳面積等。

3．其他服務設施的營業面積、設備臺數等。

飯店概況（3）：財務及經營狀況

主要指包括最近結算期在內的兩年間的經營狀況。可以年度結算報告代替。內容不能少於結算期、營業額、營業成本、總利潤、銷售及日常管理費用、經營利潤、銀行利息及其他營業外收入、固定資本、資金總額等等。

具體項目可參照標準結算報告安排。

飯店概況（4）：飯店從業者人數

從業者人數（總數及其作為本項評估對象的各職位人數），包括：

1．正式員工人數——年末至今的總數。

2．計時工人數——以每八小時工作計算，最近一個月份的平均人數。

3．合約員工平均年齡——年末至今的平均年齡，以00.0歲的形式表現。

4．合約員工的平均薪資收入（年度）——年末至今。

5．計時工計時薪資平均額——年末至今。

6．合約員工平均工作年齡——年度末至現在的平均年齡數，以00.0年的形式加以表現。

《飯店保持、改善、提升服務品質管理水準方針、政策及其實施情況的報告》

　　本報告應全面反映飯店為提升服務品質而進行的種種努力，包括所展開的各項活動及其取得的成果。

　　注意從多角度、多層次進行詳細介紹。

　　本報告的內容，可基本說明「設計提升服務品質活動的組織與計劃性'的軟性指標」中的九個核心問題。每個核心問題又都由若干小問題組成，部分內容，還要更詳細地闡釋，給出例證，必要時也可以加附件。編制報告時，可以充分參考。

初評操作（1）：設計「提升服務品質活動的組織與計劃性」的軟性指標

　　以《飯店保持、改善、提升服務品質管理水準方針、政策及其實施情況的報告》為依據，全體評審員共同為各自的對象飯店打分，然後，綜合結果，確認評定分數。各評定事項以10分為限。為此，必須設定相應的評估指標。

　　鑑於組織與計劃性難以量化的特點，我們可以圍繞九個核心問題展開審查：

　　1．為保持、改善、提升服務品質及管理水準，飯店制定了怎樣的經營方針與實施計劃？

　　2．為確保上述計劃的實施，在組織或機構設置方面，做了哪些具體保障？

　　3．為確保上述計劃的實施，在政策、職責、流程等規範文件及培訓教材方面，做了哪些工作？成果有哪些？成績如何？

4‧如何展開管理與服務培訓工作的？分別做了哪些具體工作？

5‧人力資源開發與管理工作有哪些獨特的政策與做法？效果怎樣？

6‧飯店內部如何認識飯店當前的服務品質？有哪些獨到之處？在未來一年有哪些改進打算？

7‧飯店客人如何評價飯店當前的服務品質？哪些廣受讚譽？哪些曾受投訴？飯店處理賓客投訴的機制是怎樣的？效果如何？

8‧客人一般需求（滿意狀況）反饋體系的建設情況怎樣？怎樣做的？實施效果如何？

9‧飯店保持、改善、提升服務品質與管理的總成果如何？具體表現在哪方面？有無向社會公開？透過什麼管道傳播的？

初評操作（2）：「提升服務品質活動的組織與計劃性」的評分標準

作為軟性指標，我們通常可以這樣規定：

1‧優質分數，記10分。指軟性指標所包括的核心問題或全部問題，獲得了「完美」解答，並可初步認定為計劃得以「全面」實施，達到同等經營狀況下的飯店的「最高」水準。

2‧優秀分數，記9分。指該核心問題或全部問題，獲得了「充分」解答，並可初步認定為計劃得以「全面」實施，達到同等經營狀況下的飯店的「優秀」水準。

3‧良好分數，記8分。指該核心問題或全部問題，獲得了「較好」解答，並可初步認定為計劃得以「普遍」實施，達到同等

經營狀況下的飯店的「良好」水準。

4．標準分數，記7分。指該核心問題或全部問題，獲得了「完整」解答，並可初步認定為計劃得以「普遍」實施，沒有明顯缺欠，達到同等經營狀況下的飯店的「標準」水準。

5．合格分數，記6分。指該核心問題或全部問題，獲得了「基本」解答，但存在必須改善、改進的缺欠，尚無法達到「良好」水準。

6．不合格分數，記5分以下。指該核心問題或全部計劃的實施情況無法認定。

初評操作（3）：「提升服務品質活動的組織與計劃性」的評分記錄表

評定項目（No.）	分數（滿分10分）	問 題
（01）經營政策與計劃		
（02）組織保障		
（03）規範化建設		
（04）培訓		
（05）人力資源開發		
（06）服務品質		
（07）客人需求反饋體系		
（08）社會評價		
綜合評價		
意 見		

組織與計劃性評分記錄表

初評操作（4）：「提升服務品質活動的組織與計劃性」的評分方法

在評分開始以前，「優評審」應組織評估小組成員就核心問題的認識、評分標準等，交換意見，統一認識。這裡要注意六點：

1．在不同飯店星級及經營狀態下，客人需求的水準有差異。

2．飯店規模大小，會影響經營方針的傳達方式、培訓方法。

3．僅憑書面資料無法判定的部分，要細心記入備註欄，以便現場評估時明確。

4．如有需要，軟性指標的「核心問題」可不納入評估中。

5．評估活動必須由各評審員在限定期間、場所中完成。

6．評估過程中，任何人不得以任何理由將已被確定入圍的飯店文件、資料攜出室外。

各項評分工作結束後，召集「優評審」項目小組全體會議，對該結果作綜合審定。即將各評審的評分結果轉抄入彙總表內，在就此予以討論，各抒己見，去掉一個最高分和一個最低分，將參評人數減2、相除算出平均值即可。這裡另要注意兩點：

7．如果評分中出現9分（判定已經達到優質標準）以上或6分（認為有缺欠）以下情況時，應要求當事人對判斷依據加以說明。

8．當評審間的評分出現2分以上差異，如9分和7分時，則應要求說明理由。

可以說，這個討論、審議過程，對進一步統一評審員關於評審標準的認識，有著重要作用，不可忽略。

評審編號	評定項目分數							組織與計劃性綜合評語
	1	2	3	4	5	6	7	
01								
02								
03								
04								
05								
06								
07								
08								
09								
10								
11								
12								
評定								

組織與計劃性評估彙總表

注：評定值＝〔$\Sigma X-(H+L)$〕$\div(N-2)$，評定項目1~8項。

H-最高分；L-最低分；N-評審人數；ΣX-評分總和。

初評操作（5）：「優質服務技術轉移可能性」的 評分標準

該項評分的依據，是「核心問題9」及其相關內容，如附加資料等。基本方式同於初評操作的（1）至（4）。不過，由於其具有較強的概括性，應由「優評審」負責人親自抓組織落實。

初評操作（6）：「經營績效指標」設計

接下來，應根據上述參評飯店概況中提供的數據，編制硬性指標列表，重點關注「飯店經營績效」、「飯店組織效率」、「優質服務的持續性」達標情況。

其中，飯店「經營績效指標」可以包括：

1 · 營業收入。計算方式是主營業務（客房、餐飲等）收入扣除營業成本、經營費用（含人工成本、能源燃料、廣告宣傳、培訓、交際應酬、物料易耗品、清潔洗滌、維修、行政支出、綠化、衛星收視、信用卡手續費等）、主營業務稅金。

2 · 經營利潤及利潤率。計算方式是利潤額扣除非經營性費用（含固定資產折舊、保險、房產稅、其他稅費、長期待攤費用、場地租金、財務利息支出等）。

3 · 營業利潤。計算方式是上述經營利潤加上其他業務利潤、營業外收入，減去營業外支出，加上上年度損益。

4 · 利潤總額及利潤率。計算方式是利潤總額加上財務費用等。

5 · 飯店開房率。

6 · 平均房價。

7‧單位客房產值。計算方式是飯店客房總收入（含服務費、但必須扣除早餐收入）除以飯店可供出租的所有客房總數（總房間數扣除飯店自用房）之值。

8‧單位餐桌產值（參考）。計算方式參照「單位客房產值」。

9‧所有者權益。

透過對這些指標的評估，我們大體上能把握飯店目前的基本經營狀況，以及中近期的發展可能性。

初評操作（7）：「組織效率指標」設計

1‧員工平均薪資與福利。

2‧飯店人工費用率。

3‧員工（領班及以下級別）平均年齡與工作年齡。

4‧管理人員（主管及以上級別）平均年齡與工作年齡。

5‧管理人員學歷分布。

6‧員工平均創利與創利率。

7‧賓客滿意率。

8‧員工滿意率。

9‧飯店安全達標率。

10‧飯店衛生達標率。

初評操作（8）：「優質服務持續性指標」設計

　　優質服務能否持續，不取決於優質服務分數（核心問題1～9）本身，而在於其背後的支持力量是否堅實。這些支持力量，至少應包括以下11條：

　　1‧近三年每年營業收入持續狀況。

　　2‧近三年每年經營利潤及其利潤率持續狀況。

　　3‧近三年每年利潤總額及其利潤率持續狀況。

　　4‧近三年每年飯店開房率持續狀況。

　　5‧近三年每年平均房價持續狀況。

　　6‧近三年每年單位客房產值持續狀況。

　　7‧近三年每年單位餐桌產值持續狀況。

　　8‧近三年每年所有者權益持續狀況。

　　9‧近三年每年人工費用率持續狀況。

　　10‧近三年每年賓客滿意率持續狀況。

　　11‧近三年每年員工滿意率持續狀況。

初評操作（9）：「飯店經營績效」、「飯店組織效率」、「優質服務的持續性」的評定方法

　　1‧「飯店經營績效」、「飯店組織效率」、「優質服務的持續性」等三項指標的設定均以量化的數字為主，所以，判斷依據──參評飯店提供的文件、資料等，應充分、準確。

2‧該作業為專業作業，因此，應由「優評審」或專項小組中最具飯店財務、人力資源診斷能力、經營分析能力和經驗的顧問（若干位）會同「優評審」負責人來實施。

3‧評估過程中的每一個節點，都必須參考經營狀況統計及相關調查研究報告的數據，同時，致力於對標準更加充分的理解。

4‧評分標準設定與基本執行，可以參照上述初評操作的（2）與（3）的相關內容。

初評操作（10）：做出結論

以上五項指標（含核心問題等）的分組評估完成後，還要對達標結果進行最後綜述，進而完成初評業務，做出結論。

獲准通過初評的基本條件有三點：

1‧達成或超過標準。其中，「組織與計劃性」達標總分數應不低於8分（良好），最好以9分（優秀）為條件。

2‧五項指標間取得平衡。由於這部分內容只能透過書面資料進行考察，不能避免其中的「包裝」成分，所以，一般應取8分以上者為入圍複評的對象。

3‧考慮到書面資料一定存在一些無法做出完全判斷的情況，所以，「組織與計劃性」之外的項目，也可視情況取7分或以上者繼續入圍。

4．填制下表，報「專審委」核定。

評定項目	分數	問題指要
1．提升服務品質活動的組織與計劃性		
2．飯店經營績效		
3．飯店組織效率		
4．優質服務的持續性		
5．優質服務技術轉移可能性		

初評小結表

八、複評（現場考查）要點

複評飯店的目的

　　複評目的，在於對有關初評達標的情況，進行重新核查與評價，以認定其準確無誤。在這裡，「優評審」項目小組要對飯店提供的所有書面資料的內容，進行逐項確認、評定，並要求飯店方對那些在書面資料中無法充分體現的事項進行說明或證實。

同時，評估人與服務從業人員（包括各級管理人員）廣泛而直接接觸，透過面試考察、面談等方式，形成更加明確的評估結論。

評估人、形式與對象

1．參與現場評估的人員，應至少兩人，一人為主，一人為輔。所有成員人選均須通過「優評審」集體協議並由負責人定奪。注意，凡曾在應選飯店任職或參與過培訓的成員不得委派現場參加評估。

2．現場評估的方法以面談（或面試）為主。

3．面談對象主要分兩部分。其一，是飯店方面聯絡人，即與「優質服務管理獎」相關的飯店參評活動組織者、負責人，及其直接負責飯店服務品質管理、實施人力資源開發等部門的管理人員。其二，是直接向客人提供主營業務服務、與客人接觸最頻繁職位的員工多名，包括現場管理人員及入單位不滿兩年的新員工。評估人要直接聽取、問詢有關情況。

現場評估的細節安排

面談（面試）前，要由聯絡人引領，對飯店服務設施進行逐項的、全面的參觀、瞭解，具體行程可以這樣安排：

11：00～12：00：飯店概況及設施參觀。

13：00～14：00：與聯絡人及服務管理部門負責人面談。

14：05～15：35：與直接從事服務的員工面談。

在此過程中，其餘各部門各現場負責人及入單位不足兩年的新員工（除當事人之處）都暫時迴避。

15：35～16：00：現場評估意見座談。由聯絡人及服務管理部門負責人出席。

現場評估期間，評估顧問一般不得在對象飯店內用餐。如果對象飯店距離較遠，比如由北京到廣州去，那麼，就要考慮提前在其他飯店落腳之後，再展開工作。

特別補充報告：五項指標背後力量的狀況

作為飯店持續優質服務活動展開的基本力量，其實，大都藏在背後，所以，每一個細節的安排，都應有一個關聯結論，即除了複評指標涉及到的問題之外，還要深挖其背後的東西，這正是飯店顧問的用武之地。

首先，關於飯店概況及設施考察的結論，要專門列出來，因為只有當硬體保障完全具備時，才能奠定優質服務持續的基礎。在這裡，可以參照國家飯店星級評定標準，對服務設施進行考察，以獲得第一印象。當然，不必一一打分，但應詳細記錄主要設備的情況，並與飯店提交的有關資料對照，如：

1．主要設備（機電及能源系統、安全消防系統、自動化管理系統）的品牌是什麼？

2．它們主要屬於尖端、高端、中端、一般之中的哪個等級？

3．設備在當地的維護商級別怎樣？

4．對操作者而言，設備的售後服務狀況如何？

5．飯店有沒有完整的設備操作流程？

6．流程的培訓與執行狀況如何？

7．大廳、客房、餐廳、會議室等服務設施的專業程度怎樣？

8．這些服務設施的特點如何？

9．設備、設施情況能確保飯店的優質服務長期持續嗎？

其次，是面談的內容要仔細斟酌，對管理人員的面談，要有一定高度，如：

10．飯店的經營氛圍怎樣？

11．跟隨你的上級已經學到了什麼？還能繼續學到什麼嗎？

12．飯店的文化理念是什麼？如何執行的？

13．飯店的市場定位是什麼？如何執行的？

14．作為經理，是怎樣展開培訓工作的？有專門預算嗎？

15．怎樣看待自己的團隊？部門有多少成員？主要同事的特點是什麼？

16．主要參與飯店中的哪些決策工作？

17．用於飯店員工活動的預算與投入各是多少？

18．同時，要一一訪談「飯店組織效率」中的各個指標項目，並得出自己的結論：飯店管理團隊，有能力確保優質服務長期持續、穩定嗎？

而對現場服務的員工的訪談，則應注重實際感受，如：

19．客人的素質怎樣？

20．工作中遇到過哪些非常開心的事？

21．遇到過哪些特別不開心的事？

22．員工活動展開得如何？定期還是不定期？由誰來組織？記憶中最近一次的活動是什麼？效果怎樣？

23．飯店的服務團隊，有能力確保優質服務長期持續、穩定嗎？

當然，以上列舉出的問題，可能只是一部分，但作為方向，應遵循於指標設計，同時，也應超越設計的指標，以在面談中獲得飯店顧問所需要的東西。這更是飯店顧問的職責所在。

評審結論

現場評估的結果，須由現場評估負責人以調查報告的形式提交「優評審」。

該報告要包括如下七方面內容：

1．評估起止時間、採用的方法，具體文件至少包括「現場評估日程」、「面談對象」、「詢問項目」等。

2．對飯店提交相關文件、資料中提示的各項內容，做出的確認報告。

3．就「提升服務品質活動的組織與計劃性」目標達成的實際情況，做出複評結論，闡述理由，描述特點，介紹具體表現。

4．就「組織效率」指標達成實際情況，做出複評結論，闡述理由，描述特點，介紹具體表現。重點關注該指標的達成與「組織與計劃性」的設想、培訓、員工活動等組織滲透工作、各級管理人員的滲透能力、從業人員對提升服務品質活動的熱情程度等之間的關聯及其互動。

5．就「飯店經營業績」、「優質服務持續性表現」、「優質服務的技術轉移可能性」等標準的實際達成情況，進行補充、修正。

6．上述五項指標沒有直接提及，但作為支持、維護、保障飯店優質服務長期穩定的一些「背後力量」，應特別提出。恰是這些因素，可能改變上述指標未來的方向。

7．做出全面複評的綜合結論，提出複評意見或建議。

九、再評（暗訪）要點

再評（暗訪）的對象與目標

參加並通過複評的飯店或飯店集團的部門，獲准再評——參加第三次暗訪評估。

暗訪，要求考評人員作為一個普通客人，實際接觸、接受服務單位提供的服務，並對此進行分析、評價，最終達到確認書面資料真實性的目的。

暗訪報告與書面文件、資料評估、現場評估一同構成綜合評估的有效素材。

暗訪要注意四點

暗訪人員，應由「優評審」成員承擔，當然，也可委託就近的飯店顧問來執行。但曾經擔當過現場評估工作的人員不可以繼任暗訪員之職，這是一般常識。

暗訪應確保四點：

1.普通客人的身分。

2.普通客人的消費手段。

3.支付標準費用。

4.根據初評的資料（不是複評資料），進行再評分。

以此來獲得暗訪飯店提供的服務，透過細心體會、觀察，來掌握、確認其實際水準。如果他們能夠盡全力提供更好的「一般服務」，便說明其「優質服務」的條件已在形成。

關注細節

暗訪所做的，只能是「抽樣調查」，因此，對做了什麼和沒做什麼的考察便自然要成為其中最重要的環節了。

在形式上，以夫婦方式為佳，尤其注意自始至終都不能向對方曝露身分，同時，又要儘量選擇曾作為複評對象被評估過的地方，以便結論有針對性。應避免另起爐灶，這只會事倍功半。

比如評估預訂服務，飯店顧問可以透過相關機構，如旅行社、訂房中心或114服務臺訂房，也可以直接打電話或透過互聯網預訂。

對飯店中的飲食等服務狀態的暗訪，要多次、反覆、不斷改變時間、設置種種消費形式、不同量的金額。如是連鎖飯店或餐飲聯號，還可以進行延伸暗訪或組合評估。

此外，暗訪與現場複評工作，也可以雙管齊下，但要分別進行，一明一暗，除當事人之外，不得通知任何人。

暗訪報告

暗訪的結果，也要以評審報告的形式，提交給「優評審」。

如果為多次反覆評審，則需要製成多份報告提交。

該報告的過程描述，應力求依實際考察的時間、場所移動為序，如實記錄，而非刻意加工、整理，要使之呈現實況，以便於後期分析。這是因為在飯店暗訪中，項目可能多達五六十種，無序操作會造成印象混亂。

暗訪報告的內容，至少要包括以下七項：

1 . 暗訪時間、當時天氣、當天的客人狀況等。

2 . 消費過程中的實際支出。

3 . 提出針對各暗訪項目的個人見解。

4 . 暗訪要附評分表。

評分標準要與初評的書面資料評估保持一致，使用的表格等也應相同。同時，也要對評分為8分以上和6分以下的情形，提交理由說明。

5 . 對飯店所提供的服務特色，要進行有建設性的評價。

6 . 描述市場（客人）感受，分析客源狀況。

透過對現場服務的感受與觀察，分析飯店服務水準（與星級匹配狀況），指出哪些服務最易讓客人滿意，哪些服務形式最易獲得客人的歡迎，哪些服務相反，最可能招致客人的不滿，或客人難以接受；同時，詳解理由。

7 . 綜合評價及意見。

終審

完成以上所有流程之後，「優評審」即可組織最終的綜合評審。

這期間，對各參評飯店情況、評審經過等均須進行再次整理，形成完整的書面報告，明確入圍理由、評價結論和飯店顧問（評審）最終意見，提交「專審委」審核。審核過程應有嚴格的程序，並必須是集體審議，以有效確定「優質服務管理獎」的頒獎對象。

附錄

飯店經營者不可或缺的六把金鑰匙

飯店經營一向簡單。我不贊成將這個課題複雜化。因為大凡飯店經營遭遇複雜化,多是因為有幾個基本(簡單)工作沒做好。我把這幾個基本(簡單)工作,歸納為六把金鑰匙,供大家把握、應用。

第一把金鑰匙:「人財」觀

無論對一個團隊,還是對一個飯店來說,最大的財富都在於「人才」,但我更願稱此為「人財」。飯店的「人財」機制,即如體育場上的運動員隊伍,有領隊,有教練,有上場隊員,有替補隊員,有隊醫,他們各司其職,透過有效的機制運作,最大限度地發揮各自能力,進而創造出好成績——實現「贏利」目標——「人才」,因「贏利」而轉為「人財」。

實現這個轉變的關鍵,是飯店各環節間「人際溝通」品質的高下,而保持長期、穩定的內部賓客(員工)、外部賓客(消費者)滿意度,是這個溝通成功的唯一標示。這就要求我們要不遺餘力地建設人際溝通的平臺——共識。為什麼全世界的人都可以透過當地的時間,推斷出地球另一面某一區域的時間?是因為大家對格林尼治時間有一個共識。共識是如何產生的?合作。

顯然,「人財」是合作的成果。當然,這絕難一蹴而就,而一定是經上一年奠定,並在今年進一步鞏固、培育而成的,這叫「以終為始」,是一個由關聯細節組成的系統工程。工作流程設計、權責規範、人力資源政策、服務理念等都在其中。「人際溝通」的實質,正在於創造一個促成飯店成員集中精力創造內部賓客(員工)、外部賓客(消費者)滿意,進而實現贏利的環境——環境有了,「人財」隨之生成了;贏利環境沒有造就,「人才」仍然只

是「人才」，只能等待進一步的開發。由此，我們還可以得出另一個結論：「人財」開發問題，從來不是飯店人力資源部門能獨立解決的，而必須集飯店整體（系統）之力才可以。

第二把金鑰匙：「贏利」意識

不贏利的經營沒有意義，實質上，也不成其為經營。我過去常常提「經營」意識，但現在發現那不夠明確，沒有直擊要害，要害是「贏利」，即要樹立強烈的「贏利」意識。

中國國民經濟增長速度在今年仍將保持在7%以上，這是個很可能「贏利」的大環境，也是我們建立「贏利」信心的基礎。當然，我們也不能否認，區域投資結構與競爭的不匹配性、不平衡性可能愈演愈烈，並將帶來實際的經營困境（這是更加具體而現實的「贏利」空間，應予重視），但越是在這樣的環境下，越應有「今年事今年畢」的決心和信念，然後，緊緊抓住今年的「贏利」空間。

作為一家新飯店，往往因初期投資巨大，而無法在當年實現贏利。但即使如此，也絕不可以認為赤字是理所當然的。赤字念頭，是一個大陷阱，如果墜入，必然造成資金無法回收、流動資金周轉不靈等萬劫不復的局面，甚至可能由此而被趕出市場。

正確的做法，應是在此時致力於建設、強化一種可以創造「贏利」的強勢飯店機制；或者，把握「贏利」的方向，進行運作機制的種種改革，圍繞折舊進程，不斷尋求新的、有效的「贏利」路徑；或者，透過不斷促成固定費用轉化為變化費用等手段，達成更加高效的贏利目標。

經驗法則告訴我們，這個「贏利」的決心和信念，常常是最終實現贏利的重要前提。

第三把金鑰匙：打破「固定概念」

進入新世紀，社會人生觀、價值觀的變化愈來愈快，舊生代與新生代之間的理念衝突增多，飯店經營者不能不以變應變，不僅要應變，還應大膽地參與，直至主導變革，而絕不可拘泥於既有的工作方法、思維框框，要超脫出來，時時打破固定、僵化的概念——使每一個工作的起點都處於零狀態。比如，關於經營淡旺季的分法，就是一個固定概念，它頑固地影響我們的年度經營計劃。為什麼不打破？根本就沒有淡旺季之分！如此，則成員們的力量便將被激發，找到新的成功路徑，便不是難事了。

還有，在日常運作，特別是在辦公室政治環境裡，我認為，飯店更需要建立一個以「貫徹一致的目的」為宗旨的、約法三章式的政策、原則或精神「指南」，而不需要一本「厚厚的流程手冊（書）」或「綿延不絕的紅頭文件」，那些東西常常在不自覺中，凝固成固定概念，而經營者尚不以為危機已迫在眉睫，還奉為成果，怎能不成為「煮熟的青蛙」呢！

其他應打破的固定概念還有很多，如對一家已經進入成熟期的公司而言，「用評估等級的方式進行考績」，實質是打擊員工工作榮譽感；「製造恐懼感」，實質是造一堆「放在櫃子裡的屍骸」來壓制員工的創造力；「張貼空洞的標語和口號」，實質上可能延誤行動；「貨比三家取其下」的做法，無疑是讓自己的眼力不斷退步；「期末數字說話」，會引導短期利益觀，看後視鏡開車；僵化的「模式化運作」，將是不斷持續改善的天敵；「壓力出成果」，不過是一相情願的自我安慰；強調「控制預算」的思路不對，應該相反，是用好預算；「競爭可以解決問題」，實際上常常適得其反，造成更多問題。

第四把金鑰匙：賓客第一主義

從系統論的角度講，「贏利」乃是內部賓客（員工）、外部賓客（消費者）滿意的一個「副產品」，兩者一末一本，不能顛倒。

實踐賓客第一主義，是一個由細節而至系統的過程。換個角度講，這也是一個成就「明星」的大事業——飯店贏利的原動力，正在於廣大賓客的「追星族」般的聲援、扶持，以及由此造就的經營者的責任與義務。我們要透過提供「明星服務」，將每一位賓客都造就成「追星族」，並強化服務人員（演職人員）與賓客（追星族）之間的緊密溝通、互動。理解了這一點，則我們的行為標準，就不言而喻了。

這些「明星」，不僅包括我們自己，還要包括我們不斷擴大的「外援」。我常常從內心感謝那些為我們提供贏利機會的各種活動發起人、會議組織者、婚禮主持人等，他們都是我們最偉大的服務與贏利設計師（「明星」）。

無疑，現在是訊息時代，但這個時代的特徵，絕不是電腦或互聯網路的發展，而一定是人腦，是人與人之間結成的人際關係網。不能本末倒置。換言之，這個網，才是訊息時代的真正意義所在。

第五把金鑰匙：為地方社會作貢獻

任何飯店的生存，都是地方社會「生物鏈」中的一環，永遠不能孤立。所以，凡做脫離地方社會的獨立之想者，一定是短見的。從這個角度講，與社會、社區建立良性互動，如提供就業機會，獲取人力資源保障，與原資料、物資、能源供應商，與各類社會服務機構實現合作增效等，都應是飯店經營者的分內之事。不僅應在分內，而且應具備自覺地促進地方經濟發展的強烈願望、責任心和義務意識，並切實地貢獻於地方經濟。如此，才可以實現自身的可持續成長。

當然，現在的經營環境越來越嚴酷，但如果因此而只考慮一己的利益，而一味地壓制關聯產業的贏利空間，那麼，你將在自以為得利的時候，付出品質的、社會合作力上的沉重代價，最後失去應得的財富份額。換言之，那些拒絕服務社會、貢獻社區的做法，絕

不是自力更生，更非經營者能力的表現，而是自斷進路，自掘墳墓。

第六把金鑰匙：現場第一主義

無論是「人財」觀、「贏利」意識、打破「固定概念」，還是「賓客第一」、「為地方社會作貢獻」，都要落實在執行上，沒有執行，一百把金鑰匙都是廢鐵。在哪裡執行？在現場，舍此無他。因為只有在現場，才能發現問題真相。真相永遠不會在總結性的數字、報告或幾通電話裡，解決問題的方法也不在那裡。

所以，第六把金鑰匙，是成就前五把金鑰匙的關鍵。當然，僅在現場而沒有掌握前五把鑰匙也不行，那等於緣木求魚，白花力氣。

我相信，如果我們都能掌握，並有效地運用好這六把金鑰匙，將成功在握。失掉了，飯店經營就可能複雜化。所以，這六把金鑰匙，應是我們實踐飯店經營成功之路的基礎，更是每一個飯店經營者都應致力做好的基本（簡單）工作。

結語 歸於「營銷績效」與「財務數字」

一、飯店的「內外」雙修

二、早會:「日業日清」狀況的考察

三、月度經營會:看市場與營銷績效

四、月結會:看「後視鏡」——財務數字

五、承前啟後:年終總結與計劃大會

一、飯店的「內外」雙修

外乎,營銷績效;內乎,財務數字

　　諮詢顧問的角色是幫助飯店解決專業問題,而解決問題的最終目標,無非是達成企業運作成果。

　　成果顯示在哪裡?

　　內乎,財務數字;外乎,營銷績效。

　　此兩者不彰,則說明飯店顧問還沒有完全盡到責任。

營銷績效

營銷績效的考核指標，包括經營規模、接待人數、不同區域或行業市場占有率、城市排行、行業地位、單位客房投資回報率、住房率、房價、人均消費、組織客戶活動或項目策劃量及其盈虧、各類經營指標及其指標完成情況等等。

營銷績效不僅在於回顧歷史經營業績，更在於展望未來的市場發展，因此，具有「瞻前」的性質。

財務數字

財務統計，包括當前的客房收入、餐飲收入、租金、利潤、稅金、費用、成本以及各類由經營行為產生的盈虧統計結果，也包括反映企業營運水準的內容，如現金流量、投資與資產負債、折舊、貸款等方面盈虧統計的結果。

財務數字具有強烈的「顧後」性質，如開車所看的「後視鏡」。該項分析，能幫我們冷靜地發現飯店運作的最實際情況，有助於未來決策。此外，也可成為飯店進行表彰或其他評估，如增薪減薪的依據。

飯店顧問要做什麼

1·確定目標，分析諮詢工作有沒有在飯店實際績效方面發揮作用，或還應該做哪些事。

2·先看財務與營銷資料或各類飯店簡報，以發現自己將關注的問題。有些時候，問題甚至就在這些結果報告裡。然後，從第三方角度分析其前因後果。

3.提出進一步考察問題的申請。一般管道為參加部分飯店內部會議。

4.作為旁觀者，列席飯店經營與管理的主要會議，親耳聞，親眼見，以切近瞭解實際情況。

5.將所見所聞記錄下來，並根據綜合調查，整理出解決有關問題的報告，再反過來，去分析並找出問題問題，以指導飯店業務實踐，拾遺補缺，修正過失。

這些報告將供飯店方面參考，而且一般都非常有效，至少非常受歡迎。因為這裡提出的建議，都與飯店經營者的工作目標直接相關。當然，更多的工作還要回到前邊的章節，回到「幕後」工作裡。

飯店顧問怎樣做

以下，我們將圍繞或透過列席各類會議，來展開這方面的諮詢工作。這是一個最簡捷而又最有效的方法。當然，是在飯店當局允許的情況下。

注意，是列席，不是參與。參與的身分，只在應邀做諮詢報告時才成立。

二、早會：「日業日清」狀況的考察

早會

每個工作日早上，由飯店總經理或執行經理主持，並召集部門經理級以上管理人員，利用15分鐘左右的時間，聚一聚，就前一

天的服務、管理等各方面進行小結，再就當天的重要工作進行分配。

大家記下來，立即返回各自的職位上去做事。

實現溝通：早會的第一意義

不要賦予早會太多的意義，否則將增加會議的負擔，會使之失去作用。

早會的第一意義，應在於實現溝通，故氛圍要「團結、緊張、嚴肅、活潑」。這是第一位的。顧問要觀察這個會議是否標示著一天的工作被開啟。

大家透過小聚，對一個或一些問題達成共識，非常關鍵。

如此，以少聚多，集腋成裘，將成為飯店發展的最重要的文化動力。

日業日清：早會的第二意義

實現溝通是一件長期的事情，但解決問題則需即時，我們稱此為「日業日清」——當天的事情當天完成。

這正是早會的現實意義。

透過早會，還能引發大家對問題的思考，進而提升工作意願與技巧。

當然，早會上所要解決的問題，應該是簡單問題，即當天必辦的問題，如VIP接待、大型宴會、採購問題、賓客投訴及其處理等等，而系統的、複雜的問題，則要在早會上安排好會後的其他時

間，來另行解決。

有限時間裡的有限內容

　　早會的時間不宜太長，一般以15分鐘為限，有話則長，無話則短。在這樣有限的時間裡，一般由總經理或其他主持人宣布會議開始。當然，要問好。接下來，可以這樣安排：

　　1．營銷部經理：近期客戶接待情況、問題；當天的重要談判、活動；關於客人與員工問題的建議。

　　2．大廳部經理：前一天接待的量、質，發生的問題及其解決結果；當天的重要客戶、團隊、會議等接待要點；關於客人與員工問題的建議。

　　3．客房部經理：前一天接待的量、質，客人對客房及其用品的反應，發生的問題及其解決結果；當天的接待要點；關於客人與員工問題的建議。

　　4．餐飲部經理：前一天接待的量、質，發生的問題及其解決結果；當天的重要客戶、團隊、會議等接待要點；關於客人與員工問題的建議。

　　5．企劃部經理：近期項目策劃、宣傳的效果、問題；當前或當天的策劃、廣告、美工製作以及其他飯店的動向；關於客人與員工問題的建議。

　　6．工程部經理：近期設備、設施運行狀況、問題；當天的重要維修與製作；關於客人與員工問題的建議。

　　7．採供部經理：近期市場貨品行情、供應問題；當天的重要採購、難點；關於客人與員工問題的建議。

8.安保部經理:近期安全情況、問題;當天的重要接待與安全布置;關於客人與員工問題的建議。

9.財務部經理:近期財務制度執行情況、問題;當前的重要文件、任務及其安排;關於客人與員工問題的建議。

10.人力資源部經理:近期員工事務,如宿舍、餐廳等狀態、問題;當天的重要經營活動與員工安排、員工活動、文件執行及其相關安排;關於客人與員工問題的建議。

11.其他經理:同上。

12.各職位總監、副總:就上述經理的問題、建議進行協調,做出安排,提出指導建議。

13.總經理:小結前日工作,再根據前日的《會議紀要》,詢問完成情況,以期提升執行力。然後,就各部門經理、總監的講話進行最終決策,宣布會議結束。必要時,應安排研討,以得出儘量合適的決定。另一些問題,應安排負責人、完成時間、督辦人等,以便有效執行。

會議紀要

會議要有記錄,稱為「會議紀要」。一般由會議秘書完成。《紀要》要透過辦公網路或員工宣傳欄公布給各級經理及員工,以便於日後跟進,並作為週期性評估執行力的依據。

特別早會的安排及其要點

每週一的早會,可以擴大一些,要求二級部門或部分重要部門的管理人員參加。除了上述內容外,還要包括上一週工作的小結以

及下一週主要工作的布置。我們稱此為「特別早會」。

當然，實現溝通、共識仍是重要目的。其次，才是解決具體問題。

不過，要注意，會議不是解決問題的最好辦法，因此，不要讓大家養成依賴會議解決問題的習慣，那會耽擱時間，影響效率。就是說，大部分問題應該在會議之下解決，會上只講重要的——必須周知的，以及必要的——要大家在一起拍板、決策，或急於協調解決的，或對大家都有影響的。

飯店顧問的視點

列席早會，飯店顧問的目的在於考察以下各點：

1．飯店經理的執行意識與執行力。

2．團隊氛圍與飯店文化。

3．專業度。

4．經理對市場與經營結果的關注點。

5．經理的表達力與協調意識。

6．決策的科學性與民主性。

7．經理的視野高度。

由此顧問可判斷飯店當前發展所處的成長階段，找出飯店的長項與缺欠，給出拾遺補缺的建議。

三、月度經營會：看市場與營銷績效

月末最後或月初最早的工作日

飯店工作是要有節奏感的，一週要有，一個月、半年、一年都要有。很多問題，都是在這樣一個個節點裡發現的。節奏，也是停頓，相當於文章的逗號、句號、感嘆號或省略號。平時，人們太忙了，沒有時間坐下來思考、盤點、計劃，月度經營會就是要給大家找一個這樣的機會，「強制」大家坐下來。

月度經營會的最佳時機是月末最後或月初最早的一個工作日，有承上啟下的關聯，又能緊扣月度的觀念。會議時間控制在兩個小時，如上午10：00～12：00。

飯店顧問應考察這類會議，並從中發現問題──或透過會議，觀察管理團隊的能力水準；或透過對經理所說與日常所做或員工反映相比較，找出實際差距。

內容與流程

會議應由總經理或分管經營的副總經理主持。

按先「統」後「分」的原則進行。「統」，概括月度營業的總體狀況，介紹工作做到了什麼程度，如：

1．月度營業狀況分析。

2．月度服務品質狀況分析。

然後是「分」，即作為上述兩項分析的內容，要說明是怎樣做的，如：

3．市場銷售部工作報告。

4．餐飲部工作報告。

5．大廳部工作報告。

6．客房部工作報告。

7．其他（經營部門報告）。

各部門經理做分析報告，以PPT的形式，邊演示邊講解，既可表達明確，又能節省時間。

月度經營狀況分析的六個基本內容

1．本地同星級飯店營業情況

包括本地主要客源、住房率、本集團內部飯店房餐收入對比、各競爭對手飯店客房與餐飲營業狀況。

2．營業概述

包括客房收入、餐飲收入；客房收入較去年同期增量、餐飲收入較去年同期增量；與飯店市場定位相關的主要產品，如會議的量等等。

3．飯店客房營業收入分析

包括住房率、平均房價、客房收入；客房收入占總收入的比例、本年各月對比（圖表）；平均房價與間夜數、住房率、客房收入較去年同期增量；散客與會議比例、本年各月對比（圖表）；回頭客率等。

4．飯店餐飲營業收入分析

包括餐飲收入、本年收入較往年同期增量、本年各月對比（圖

表）；各餐廳收入、用餐人數、消費人數、消費金額、客源比例（圖表）；各餐廳之間的人均消費比較（圖表）。

5 . 飯店會議、宴席預訂管道分析

包括會議接待量（圖表）、規模較大會議公司名單、會源地；宴會接待量（圖表）、規模較大宴會公司名單。

會議預訂管道可分為四類：

（1）公司預訂（公司與營銷部洽談會議的預訂）。

（2）旅行社預訂（旅行社與營銷部洽談會議的預訂）。

（3）會務公司預訂（會務公司與營銷部洽談會議的預訂）。

（4）政府/社團預訂（政府/社團與營銷部洽談會議的預訂）。

宴會預訂可分為七類：

（5）來電預訂（客戶直接來電預訂）。

（6）內部預訂（飯店管理層或員工代客戶的預訂）。

（7）定期預訂（公司在我店的固定消費的預訂）。

（8）營銷部預訂（營銷人員代客戶的預訂）。

（9）上門預訂（客戶直接來飯店的預訂）。

（10）會議預訂（由於會議在飯店的舉行而帶來的餐飲預訂）。

（11）政府預訂（由接待辦所預訂的政府接待）。

6 . 公關企劃活動的效果評估

（1）當期媒體廣告、店內外公關活動的實施情況。

（2）跟進經營活動（如拍照、文案設計等）的情況。

（3）產品設計與製作，如賀年卡、婚宴包裝等。

（4）飯店同行主題活動情況。

（5）各飯店平面媒體訊息統計。

飯店顧問的視點（1）：發現飯店市場定位

首先，飯店顧問應針對以上分析做出簡單的判斷並給予指導：

1・沒有數據與分析

說明飯店的經營還停留在憑經驗指揮的階段，或相關人員素質尚未達標，或高層管理者缺乏市場分析意識。此狀況對飯店的長期市場運作而言，是危險的，顧問應協助飯店建立經營分析體系，以求知己知彼。

2・數據不完整，導致分析缺乏依據

數據收集體系不健全，說明日常對客服務檔案尚未建立，或即使建立了也沒有形成每日運用的機制。這樣的分析，很容易誤導決策。

3・有數據沒有分析

專業人員未到位，或有理論而沒經驗。

4・有數據有分析，且有見地和指導性。

顧問可以進一步聽取分析報告對飯店決策的影響，從而得出關於經營績效實際情況的結論。

以上四點的判斷能形成飯店顧問對飯店市場管理現狀的基本分析與指導方向。但針對「有數據有分析，且有見地和指導性」的分

析報告，飯店顧問又該看什麼呢？——看市場定位。

5．發現飯店的市場定位

如果從報告中不能發現飯店的市場定位，則要更深入地瞭解其定位與目前發展之間的關係。找準市場等於飯店有了「命根子」，很多軟硬體的投入、市場活動等都要圍繞著這個核心進行。

飯店顧問的視點（2）：客戶管理

客戶管理的成果就是飯店的經營績效，但其表現則不是一組數字，而是一系列服務行為。飯店顧問應從此入手，深入研究經營績效的實際情況：

1．飯店有沒有進行賓客分類並明確其定義？

下面是某飯店的例子，可以參考。

序號	類別	賓客定義
1	櫃臺散客	WALK-IN、自訂、機場代表帶來的訂房及訂餐賓客。
2	簽約賓客	與飯店簽訂用房或用餐合約（含年度合約及單獨項目合約兩類）的公司客戶。
3	持卡賓客	持貴賓卡、白金卡、運通卡的賓客。
4	訂房/餐主管	在飯店有穩定消費且信用良好的賓客及公司訂房／餐主管（限個人）。
5	公司大戶	年均訂房量在20間夜/月或宴會2場/月以上的公司（含訂房中心及各類團體）。
6	常客	每年入住飯店5次或用餐12次以上的賓客。
7	特殊賓客	飯店指定重點開發客戶（含年度客戶與項目客戶兩類）。
8	網路訂戶	透過飯店網站訂房系統訂房/餐的賓客。

2·如何進行賓客分類統計及其維護？

主要明確每一類客人由誰（部門）來統計、怎樣維護兩點（參照下例）：

類別	統計	維護	參照指標
網路訂戶	由飯店網站系統生成報表，大廳部負責統計。	1·鼓勵上述賓客的訂房及訂餐活動透過飯店網站進行，並給予適當的優惠政策。 2·利用淡季及促銷時段可採取雙倍積分的獎勵政策以鼓勵賓客透過飯店網站的個人帳戶進行訂房及訂餐活動。	總住房率的2%

3·有沒有制定賓客維護的統一餽贈標準？

一般，可以考慮按以下指標進行分類，並制定相應的餽贈標準：

公司或個人用房20、30、40、50、80間天/月（含）以上，代理商一次用房50間天/月（含）以上，本地大公司及重點公司領導或訂房/餐人員年度拜訪，外地會議訂房/餐人年度拜訪，用房量120間天（散客）/年或餐飲消費累計50萬元/年以上，等等。

4・有沒有明確的客戶獎勵及其會議/宴會佣金標準？

一般飯店都能對已經核准的目標特殊客戶的年度用房、用餐價格，進行適當靈活的掌握。如，100間客房以上並至少含一次宴會的會議佣金按消費總額2%～5%提取，形式可採取飯店消費券，直接鼓勵活動承辦人、預訂人、決策人。再就是邀請參加年度客戶獎勵活動。

飯店顧問的視點（3）：接待項目（以會議為例）過程管理

抓住飯店的一個接待項目（應為該飯店的核心產品），深潛下去，瞭解其執行流程與管理辦法。以下，我們以會議接待為例，進行考察：

1・事先準備工作有怎樣的要求？誰來檢查到位情況？

2・誰負責瞭解並傳達當日的會議訊息？怎樣做的？

是否實施了會議項目經理制度？如果不是，應明確是否由部門經理來統籌會議接待項目安排；落實了會議項目經理的，顧問要考察飯店透過怎樣的管道詳細瞭解客戶需求並做詳細記錄，包括抵離時間、用房數、房型、參加人數、會場要求、用餐安排等。

3・誰負責會議客戶的前期參觀、考察？如何安排的？

如：項目經理應根據客戶的會議要求，有針對性地安排參觀路線。前臺排房，應儘量安排同一區域。引領參觀時，應詳細向客戶介紹飯店客房設施、會議場地設施及容納人數和座椅擺放、飯店餐飲場地及特色。顧問要瞭解這些事項都做到了沒有。

如果項目經理另有業務，應按怎樣的順序安排同事到場迎候並引領參觀？應是營銷秘書。參觀完畢後，當事人如何向項目經理通

報情況？

　　未經預約的客戶臨時參觀怎樣安排？訊息如何傳達？

　　4．會議洽談是怎樣進行的？

　　下面是某飯店的規定，可以參考：

　　（一）項目經理負責查看飯店客房、餐廳、會場占用情況，結合會議客戶要求，先行口頭簡單報價並告知客戶將為其製作報價單，約定書面報價提交的時間。

　　（二）涉及餐飲會議場所時，應邀餐飲客戶經理參加洽談。如客戶不在現場，應及時向餐飲客戶單位轉達客人要求及相關訊息，以便制定菜單及其他細節方案。

　　（三）涉及較複雜的會議布置及美工布置時，項目經理應通知美工組派人參加。一般布置由餐飲客戶單位代行安排。

　　（四）餐飲客戶單位應隨時準備好場地訊息資料。現場人手不足時，應及時報告部門經理。經理應立即安排其他責任人或親自參加洽談。

　　（五）會議洽談以項目經理為主，其他人員配合。發生任何歧義，應在促成生意的前提下，以「利潤最大化」為原則離場協商。歧義較大時，報營銷部經理請上級協調。

　　5．會議報價及合約簽訂的過程都把握了哪些細節與要點？

　　仍以某飯店的例子為範本來看：

　　（一）項目經理負責預留客人所需要的客房、會場、用餐場所，餐飲客戶單位配合併落實細節。

　　（二）項目經理負責於半天內依客戶要求製作報價單，重點含抵離時間，用房數量，房型，會議場所及場租，會議時間，用餐時

間、地點、預計人數和標準，付款方式等，交由營銷秘書或親自以傳真、電子郵件或當面送至客戶，同時告知客戶。營銷秘書負責此項目工作時，應向客戶詢問報價單是否收到，並向項目經理通報。

（三）項目經理主動與客戶聯繫，推進成交。同時，迅速將客戶訊息，如用房、VIP接待、餐飲安排及特殊要求等，向有關職位通報，及時發現、解決新出現的問題。涉及超越權限的要求，應及時向上級報告，並根據指示行事。上級應給予明確指示，做好後臺服務。現場涉及財務的應急事項可直接請示財務部經理或總經理，並根據指示行事。

（四）項目經理負責製作會議協議，餐飲客戶單位及美工單位根據客戶要求提供菜單、美工製作等相關附件，給予協助。營銷部經理確認協議，並簽字蓋章後，以傳真、電子郵件或當面送至客戶，請客戶簽字、蓋公章（合約專用章）、回傳。

6·會議訂金收取是怎樣操作的？

7·分發會議通知單是怎樣操作的？

8·會議接待的流程是否完備？

9·會議結帳的原則是什麼？

10·會議結束有哪些事情要做？

這個環節很關鍵。各接待職位負責人有沒有主動徵求客人對會議接待的意見？有沒有向客戶發出感謝信？有沒有整理會議檔案資料，以備後查？對用房40間以上項目，有沒有小結接待得失，現場研討，增進技能？都值得思考。

11·後續追款如何進行？

服務品質報告的六個基本層面

1・整體情況分析（參見下例）

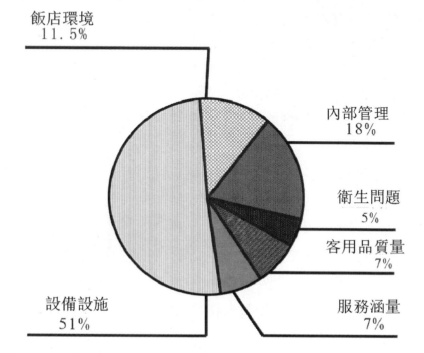

飯店環境
11.5%

內部管理
18%

衛生問題
5%

客用品質量
7%

服務涵量
7%

設備設施
51%

　　分析本月問題所在及與上月的對比情況；問題的具體表現；主要問題集中在哪些方面（上例問題集中在設備設施方面）。

2・客人意見及建議

3・各服務場所賓客滿意度調查結果

（1）大廳/大廳服務。評價標準分為：「急需改善」、「有待改善」、「可以接受」、「比較好」、「非常好」。

大廳氛圍和布置	行李運送及時
燈光亮度適宜	總機服務及時、準確
溫度適宜	商務中心服務熱情、準確
預訂準確	票務服務熱情、準確
迎賓人員迎送禮貌、熱情	商場服務主動、熱情
接待人員主動致意/問候	服務員解決問題的能力和效率
接待人員辦理入住的速度/效率	

（2）客房服務。評價標準分為：「急需改善」、「有待改善」、「可以接受」、「比較好」、「非常好」。

空氣清新	淋浴設施舒適
溫度適宜	洗漱用品品質
床墊及床上用品的舒適度	客房清掃時間安排合理
辦公桌/椅舒適度	洗熨衣服品質
電源插頭、網路接口使用方便	服務員關注我的個人習慣
燈光亮度適宜	服務員解決問題的能力和效率

（3）早餐服務。評價標準分為：「急需改善」、「有待改善」、「可以接受」、「比較好」、「非常好」。

餐廳空氣清新	飲品品質
餐廳燈光亮度適宜	食品溫度適宜
餐廳溫度舒適	菜餚口味
餐廳服務品質	菜餚選擇多樣性
食品補充及時	服務員解決問題的能力和效率

（4）午餐或晚餐服務。評價標準分為：「急需改善」、「有待改善」、「可以接受」、「比較好」、「非常好」。

餐廳空氣清新	菜餚色澤和擺盤
餐廳燈光亮度適宜	餐具等級
餐廳溫度舒適	食品溫度適宜
餐廳服務品質	菜餚口味
排菜合理合意	菜餚選擇多樣性
上菜速度適宜	服務員解決問題的能力和效率

（5）會議服務。評價標準分為：「急需改善」、「有待改善」、「可以接受」、「比較好」、「非常好」。

空氣清新	指示牌清晰、明確
溫度舒適	會場布置效果
燈光亮度適宜	茶水服務及時
隔音效果	茶歇點心品種和品質
音響效果	會議設施的操作服務配合
多媒體投影品質	服務員解決問題的能力和效率

（6）休閒服務。評價標準分為：「急需改善」、「有待改善」、「可以接受」、「比較好」、「非常好」。

健身房設施
游泳池設施
安全保障和教練服務
營業時間合理程度
服務品質和效率

客人類別	商務	會議	休閒	觀光	其他
地點					
景觀					
設施					
服務					
價格					
星級					
品牌					
公司指定					
其他					

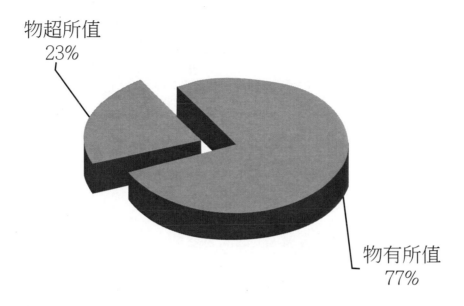

物超所值
23%

物有所值
77%

飯店顧問的視點（4）

關注主要問題的解決狀況，細心觀察相關人員對待正在發生的問題的態度，從而判斷問題將在怎樣程度上能夠得以解決。

關注賓客滿意度中客人態度「急需改善」、「有待改善」、「可以接受」、「比較好」、「非常好」的比例怎樣，解決重點問題；對「月平均分」、「同比上月」進行分析，得出有關服務品質管理的綜合素質與效率的結論，以進一步指導工作。

服務品質是飯店經營績效的重要組成部分。

各經營部門的報告與總經理發言

大廳部、客房部、餐飲部等經營執行部門的報告，成為接下來的主題。此類報告應強調為了執行計劃所做的努力及收到的成效

等。具體可以包括以下各點：

　　1．上月服務與經營計劃完成情況。

　　2．上月服務品質整改任務的完成情況。

　　3．本月現場服務的亮點描述與品質問題改進狀況。

　　4．員工紀律、士氣、流動傾向以及部門展開員工活動的情況。

　　5．下月度部門的工作計劃。

　　6．提請飯店管理層協助的問題要點。

　　一般，總經理或分管經營的副總經理會發言，但應提綱挈領，重點推動上月計劃完成情況的評估，並提醒下月計劃要點。

　　一切都應圍繞執行力展開工作。這是基調。

飯店顧問的視點（5）

　　透過經營部門報告總結，飯店顧問可考察部門經理的工作概括能力、分析能力、表達能力、執行能力等，發現其強項與弱點，以便向飯店方面提供人力資源發展方向的建議，或提供相關培訓。

　　顧問還要關注什麼人參加會議，如後臺的人力資源、工程、保安、財務等部門的經理有沒有參加。他們應該列席，但不必發表意見。而他們在這個會上的態度很重要。

　　會議要形成紀要，以便執行與評估。當然，飯店顧問以及與會人員都應有上月的紀要。

　　這樣才能形成一個循環週期。

四、月結會：看「後視鏡」——財務數字

何以每月10號

飯店經營者應牢牢把握達成目標的「方向」，但對「目標」本身，則不應有絲毫的執著。一旦執著了，則當達成時，就會高興，達不成時，就會沮喪，最終，工作與生活都將了無樂趣，有違飯店必須秉承的持久經營之道。

財務數字，通常可能說明過去，但絕對無法完全預測未來。有時，我們以為預測的市場數字或設定的經營指標很有意義，實際不然，因為那些數字本身從來都不是我們能把握得了的。而且，取數的基礎也侷限於「經驗」與「分析」。

但在管理與激勵上，這個數字是有意義也是必要的。它可以成為衡量飯店激勵支出的一個限度表，成為飯店宏觀管理的一個工具，成為一個評價短期成敗的比較標尺。但應僅限於此。

換言之，我們應從這些數字裡邊找出原因，推出辦法，把握好飯店運行的方向。

辦法與方向的結合，就是做到「做足因緣」、「埋頭拉車」、「無心插柳」，而財務數字，應視為「水到渠成」、「功到自然成」、「無心插柳柳成蔭」。

看「後視鏡」的意義就在於此。「後視鏡」，顧名思義，就是回顧飯店已經達成的那些財務數字，並據此以重新明確方向。同時，也在於破除對財務數字（目標）本身的執著、迷信，而強調其背後的功力。亦如開車一樣，找差距、車道、問題、危險時，可以看「後視鏡」，但應一直向前時看「後視鏡」，就危險大了。

所以，如何用好財務數字，這既是飯店的技術能力，也是經營心態的問題。飯店顧問要從這樣兩個角度來仔細推敲。

為什麼建議月結會放在10號？

因為大部分飯店的財務數字、人力資源等後臺業務盤點，都需要至少一週左右時間，有些飯店甚至需要15天時間，故設定為每月10號。

內容與流程

會議應由總經理主持。

會議的性質應是回顧性的，所以，要以數字，尤其是財務數字為核心展開，表述應簡潔明了。

會議報告應包括人、財、物三個基本內容，順序應為：

1 · 財務分析。

2 · 人力資源狀況分析。

3 · 能耗狀況分析。

4 · 採購供應狀況分析。

財務經理（或總監）報告中應體現的內容

1 · 月度營業收入、相對上一年度同期收入的增減量。

2 · 本年度營業收入累計、相對上一年度同期收入的增減量。

3 · 月利潤額、相對上一年度同期利潤的增減量。

4 · 本年度利潤累計、相對上一年度同期利潤的增減量。

5.年度、月度預算完成情況。

6.影響收入、利潤的主要因素分析。要點包括物價、人工、清潔、物耗、水、電、燃料費用、租金及其同期增減，營業成本、帳務成本率、還原成本率、標準成本率對照表等，以及重點經營項目或活動用料（如某一海鮮品種等）的影響。

7.外租外包營收狀況。

8.月經營費用、相對上一年度同期開支增減量。應進行詳細說明與比較（列出明細表），項目包括人工、能源燃料、宣傳廣告、培訓、園藝、維修及其他。

9.非經營費用分析。

10.應收帳款情況分析。

11.相關財務指標，如GOP率等。

12.邊緣產品收入情況。這是很多飯店容易忽略的「小項目」，但實際上，這類產品開發，對於一個成熟（經營相對飽和）的飯店而言，非常重要。這個重要性不僅在於營收，更在於服務產品的創新與對細節的關注（參照下例）：

項 目	1-12月		
	收入	利潤	利潤率
上網費	167,621		
影印傳真打字租賃等	74,632	63,106	84.56%
售書	30,925	7,731	25.00%
佛典	47,044	36,322	77.21%
自行車	12,115	3,115	25.71%
高爾夫	6,280	6,280	100.00%
瓷豬	9,377	6,230	66.44%
出售客用品	11,792	6,002	50.90%
迷你吧飲品	128,292	75,095	58.53%
洗衣	187,481	107,939	57.57%
冰淇淋	84,586	36,328	42.95%
西點糕點	113,122	101,716	89.92%
宴會桌牌	7,078	7,078	100.00%
會議條幅	47,424	41,104	86.67%
會議鮮花	23,049	22,369	97.05%
會議設備租賃	23,900	17,916	74.96%
培訓	1,975	1,975	
賣廢紙收入	35,587	35,587	100.00%
處理報廢物品	8,030	8,030	100.00%
合 計	1,020,309	583,924	57.23%

飯店顧問的視點（1）：多聽多問，以求印象全面

以上每一條都不能缺少，當然，也可以更加全面。聽過之後，飯店顧問要對一些不明確的地方進一步詢問，以對經營有一個比較準確的認識。

不過，只有這些還不夠，還要深入到以下若干細節裡，如：飯店應收款風險評估與到帳管理狀況、會議接待合約管理等。這兩點將幫助我們判斷飯店的財務管理的實際能力。

換言之，財務數字的真實性與真實意義，在於應收款變為到帳款，否則，一切白費；同時，也有賴於過程管理的嚴密與有效，而不要「花架子」。

飯店顧問的視點（2）：應收款的風險評估

應收款回收比例的大小，直接反映企業的經營運作水平，並直接影響企業效益。為此，應有效控制應收款及各種應收風險，儘可能避免呆、壞帳的發生，這就必須進行風險評估。

飯店顧問要就此進行深入調查研究，並考察飯店的實際運作情況：

1．飯店有規範的風險評估體系，還是憑藉個人擔保或總經理一人說了算？

2．有沒有根據應收風險確定下一年度的掛帳單位？

3．評估對象有沒有涵蓋當年度所有掛帳單位、非掛帳但經常簽單掛帳者？

4．有沒有設定評估等級？

一般可以分A、B、C、D四個級別。

A級：及時付款，配合良好，付款週期（指超過約定付款日的期間，下同）在1個月以內；B級：在財務應收人員的3次催收下，方能付款，合作態度一般，付款週期在3個月以內，基本無風險；C級：付款週期較長，通常在3個月以上，且需3次以上登門催款，無主動付款意識，風險較大；D級：付款週期在6個月以上，配合程度差，建議停止簽單掛帳，風險極大。

5．評估時間與訊息跟蹤情況如何？

通常，可以在每年的一月份，作上一年度應收風險總評，以後每個季度進行一次評估調整。期間，各營運部門、財務部還將嚴密跟蹤客戶公司的業績、業務及其發展狀況，以確保信用訊息的準確性。

6．評估流程是否規範、有效？

一般應該這樣：

（1）銷售人員填寫被評對象的相關訊息。

（2）應收人員填寫本年度掛帳、催款、付款、逾期付款次數、平均付款週期。

（3）銷售人員、銷售經理填寫年度總評。

（4）財務信用主管填寫年度總評。

（5）經理填寫年度總評。

（6）總經理批示。

季度評估、日常評估參照上述反饋流程進行。

7．相關訊息有沒有反饋給執行部門？

財務不應以列表的形式提供給相關部門下一年度掛帳單位及建議不再予以掛帳的名單，而應根據客戶具體變化的情況，隨時發布信用通報，以利於各經營職位執行。

8‧有沒有對本年度A級單位進行拜訪？

傾聽最終客戶意見，有利於飯店成長。這不能因為飯店財務部是後線單位就忽略。同時，訪客要有紀要，尤其是問題，應該提出來。供各口參考。

飯店顧問的視點（3）：應收款的到帳管理

應收款的回收狀況，也直接反映了飯店管理水平，因為這個數字將影響資金回籠和企業效益。為此，飯店顧問應就如下各點，進行詳細考察：

1‧各營業部門有沒有切實做好營業掛帳控制？

就是說，對信譽良好、消費潛力大的單位允許簽單掛帳，但事前必須經過有關營業部門和飯店財務部的嚴格審核，相關掛帳協議必須加蓋飯店合約專用章。在實際運作中，要具備完整的書面手續，如傳真件、訂房單、合約和經有效簽單人簽字的帳單等，以便為催討應收款提供合法依據。在掛帳單位發生內部變動或可能出現支付危機時，相關營業部門能立即通告財務部並共同採取控制或取消掛帳以及催討欠款的措施。

2‧應收款掛帳期限管理的內控工作做得如何？

通常，旅行社（訂房中心）為兩個月，其他客戶，包括政府接待辦、外辦等為一個月，超過此期限均為逾期欠款，每月應按欠款總額的10%從發生欠款的營業部門的獎金總額中逐步扣回，直全扣完為止。凡超過一年期限的欠款，財務部均作沖減相關營業部門收入的帳務處理。

3．運用法律手段追索欠款的程序是否健全？

凡滿一年的應收款，即應由飯店常規操作轉入法律程序追討，財務部為主辦部門，相關業務部門和辦公室為協辦部門。

發生逾期欠款的營業部門，應及時提供完整的有效資料，通力合作爭取勝訴並收回欠款。

4．防止金融詐騙的意識與手段是否具備？

慎重接受空白支票抵押，避免空頭支票消費給飯店造成損失。對本地信譽良好、有實力的大企業，在充分把握風險的情況下允許其用支票作抵押。外地企業（客戶）以匯票支付的，財務部應採取即時全額解款的方式，盡快確認入帳。

5．對政府接待辦和外辦有什麼特別政策？

應建立專管制度，重點在於即時確認，抓緊清理，對久拖不清的款項應分析原因，及時協調結清。

6．與客戶相互抵帳的規範化操作有沒有到位？

不論廣告或是工程款抵帳，都要按合約或協議辦理（合約和協議須事先經財務部審核）；相抵部分，雙方都要開出收據，財務部要經常核對相抵款項，將相抵額度情況通告相關業務人員，謹防超抵。

7．呆、壞帳的確認規則是怎樣的？

儘管呆、壞帳是難以完全避免的，但飯店不能不竭盡所能，加以避免。在一般飯店，凡有下列情況之一，經法律程序或無法透過法律程序追索的，即可確認為呆、壞帳：

（1）因不能掌握客戶信用同意客人以空白支票抵帳，在一年之內無法追回的帳款。

（2）未按飯店規定程序審批擅自同意客戶掛帳，一年之內無法追回的帳款。

（3）因帳單遺失，無法提供原始消費記錄而被客人拒付的帳款。

（4）對客人在客房內消費的物品，服務員沒有及時、準確通知錄入消費帳單，導致少收、漏收的款項。

（5）因未簽合約或簽單的有效手續不完備，被客戶全部或部分拒付的帳款。

（6）因工作疏忽或失誤，沒有及時上報帳單超過向客戶收款的期限，而被客戶拒付的帳款。

（7）因個人操作失誤，向客戶少收、漏收款項而又無法追回的帳款。

8．對呆、壞帳的發生，飯店採取怎樣的後續處理辦法？

這是大家都不願意面對的事情，但如果發生，則應根據結果，以懲前毖後的態度，進行處理。這是一個規則。當然，此種可能有種種飯店無法控制的緣由，但都應有一個結果。下例是某飯店的規定，可供參考：

（1）原則上屬部門造成的呆、壞帳由部門賠償，按呆、壞帳額的1／2扣罰部門獎金（賠償額超過2000元的由飯店根據情節輕重決定扣罰數額），差額部分沖減收入並相應列入部門費用。

（2）呆、壞帳責任者涉及多個部門，相關責任部門按飯店裁定的處罰額度賠償。

（3）屬個人違反規定直接造成的呆、壞帳由個人賠償，按呆、壞帳額扣減個人的獎金、月薪及其他收入。賠償額超過1000元的由飯店視情節輕重決定扣罰數額及給予相應的行政處罰，差額部分沖減收入並相應列入部門費用。

（4）索賠時由財務部填制《呆、壞帳索賠單》，並落實款項回收。

（5）財務部對索賠的項目要及時進行沖帳等帳務處理；

（6）本索賠扣罰辦法與飯店獎懲規定中的經濟處罰不重複計罰（按照最高處罰額一次計罰）。

（7）呆、壞帳責任的確認由財務總監裁決，若有爭議交由總經理辦公會最後裁定。

飯店顧問的視點（4）：接待項目（以會議為例）風險管理

飯店顧問還要就飯店的某一主要市場項目進行專項考察。

這裡以會議接待合約為例，因為這類活動有特別的風險，因此，應有特別的規則，而且，情況往往很複雜。如有一個百萬的會議項目處於激烈的爭奪中，營銷人員希望速戰速決，財務人員則要仔細審核，最後，財務人員認為不能接，營銷人員認為能接，怎麼辦？這就需要一個特急審批機構和相應的辦法。

那麼，飯店顧問應該看哪些呢？

1．有沒有一個應急審核機構？

一般，可以成立一個信用評估小組。組長由總經理擔任，市場總監、財務總監、財務部審計經理為成員，有時還要徵求法律顧問的意見。

2．有沒有建立起一個可行的會議接待審批與管理跟進流程？

至少，應對會議接待項目的九個環節給予高度關注：

（1）營銷項目經理簽訂合約、蓋章。

（2）簽合約當天，有關文件書面送至各財務部。

（3）財務、項目經理跟進訂金付款到帳情況。

（4）會議人員入住時前臺建帳。

（5）產生消費時，前臺應妥善保管各種消費單據。

（6）前臺與客人核對帳務。

（7）退房。

（8）結帳。

（9）合約約定離店後付清的，財務、項目經理跟進尾款支付情況。

3．有沒有對會議客戶進行分類管理？

下例是某飯店的設計，可以參考：

根據會議風險，飯店將會議客戶分為五類，並設計不同的管理方法。

（一）會議客戶分類

1．長期信用合作夥伴

本集團內企業、著名跨國公司、中國國內著名企業及上一年度的消費掛帳（含會議）中未出現逾期付款記錄以及年度各類A級信用掛帳單位。

風險等級：A。

2．國家機關及事業單位

國家機關指國家為行使其職能而設立的各種機構，包括各級權力機關、行政機關、審判機關、檢察機關。如法院、地檢署、警察局、旅遊局等；事業單位，是指為了社會公益目的，由國家機關主辦或者其他組織利用國有資產主辦的，從事教育、科技、文化、衛生等活動的社會服務組織。例如學校、醫院等。

風險等級：A。

3．一般公司

指按照公司法成立的，以營利為目的的法人企業，並以製造業、生產業、銷售業等實業體為主要對象。

風險等級：B。

4．軍警及相關企業

指軍隊、警察、消防、海關等及其關聯單位。

風險等級：C。

5．代理商

以承辦會議，提供諮詢、中介等服務為經營內容的公司，公司的資產較少，償債能力較弱。如會議公司、中介公司、代理商、諮詢公司、顧問公司、服務公司、小貿易公司、旅行社、會展公司等等。

風險等級：D。

（二）風險等級描述

A級：及時付款，配合良好，付款週期在1個月以內，無潛在風險。

B級：付款週期通常在2個月以內，基本無風險。

C級：付款週期較長，通常在2個月以上，催討難度大，風險高。

D級：無固定付款週期，固定資產少，一旦發生經濟糾紛，償債能力弱，風險較大。

（三）合約風險分級管理要點

單位 類別	風險 等級	訂 金	到帳日	預付款	到帳日	尾款 到帳日
信用 良好 單位	A	0%～ 20%	合約簽 訂後 5天內	0%～ 20%	入住前 5天	離店後 15日內
國家 機關 事業 單位	A	0%～ 20%	合約簽 訂後 5天內	0%～ 20%	入住前 5天	離店後 15日內
一般 公司	B	20%～ 30%	合約簽 訂後 3天內	30%～ 40%	入住前 5天	離店後 一週內
軍警	C	30%～ 40%	合約簽 訂後 3天內	30%～ 60%	入住前 7天	離店後 一週內
代理商	D	30%～ 50%	合約簽 訂後 當天	30%～ 50%	入住前 7天	入住前

（四）風險處理流程

風 險	處理辦法	責任人	完成時間
訂金未到帳	項目經理與對方聯繫，確認原因。若為惡意的，則書面報評估小組評審，決定是否取消此次預訂。	項目經理	約定訂金付款次日
預付款未付	與對方確認原因，無理由拖延者，營銷經辦員報評估小組評審。	項目經理	約定預付款的次日
約定在櫃臺刷卡或交押金，實際未交	大廳及時通報各相關部門	大廳項目經理	入住時
約定離店前結清，實際未結	由評估小組決定，同意是否先離店。若同意對方先離店，則應要求對方出具付款承諾，並說明理由	大廳項目經理	離店前

洽談合約時無法按規定支付訂金或預付款	由項目經理書面報評估小組審批。	項目經理	簽合約前
合約約定離店後幾日內付清，但遲遲未付的	財務與項目經理登門拜訪，核實原因，原則上逾期一個月的，經評估小組同意後發律師函；逾期二個月的，經評估小組同意後走法律程序。特殊情況另行報批。	財務應收項目經理	約定最後的付款日後一週內

人力資源經理（或總監）報告應體現的內容

1．人員編制及其現狀分析

（1）在單位總數、比前一個月增減；正式員工、實習生、試用期員工數；當月流動率，其中，正式員工與管理人員的比例是多少，並與上一年度同期情況作比較；截止到本月的年度流動率狀況。

（2）流動人員分布情況及流動原因。

（3）試用期員工離職率以及離職原因。

（4）實習生分布及其在單位情況。

（5）目前飯店員工學歷構成及其分布。

（6）借用人員統計及其表現。

（7）不同服務年限員工的分布情況。

2．薪資發放情況分析

薪資總額、同比上一個月的增減額、增減原因（精確到細項，如基本薪資、職位薪資、經營係數影響、外借人員費用、店齡薪資、外語補貼、技能補貼、加班薪資、質檢獎罰等）、同比上一年增減額、增減原因等。

3．培訓計劃執行情況分析

（1）完成計劃內培訓與計劃外培訓的課程與課時數。

（2）培訓效果評估。

（3）員工培訓需求調查。

（4）本地與外地培訓訊息。

4．部門員工服務品質獎罰狀況分析

（1）傾向性問題。

（2）賓客投訴與表揚。

（3）內部投訴與表揚。

5．管理執行力分析

（1）完成月度計劃情

分類	提報量	完成量	完成率	進行中	評語
建議	1件	1件	100%	0	略
問題	32件	32件	100%	0	略
新任務	24件	24件	100%	0	略

（2）制度執行情況。

（3）良好表現與主要問題。

6．未來人員動態預測

（1）本飯店情況。

（2）本地或本集團傾向。

（3）要求與建議。

飯店顧問的視點（5）：飯店文化的「痕跡」

飯店的「市場定位」與「經營理念」是軟硬體的靈魂和標示。它們的組合，即表現為飯店人的共同行為習慣。這個習慣，通常被稱為「飯店文化」。

那麼，飯店顧問能否從飯店人力資源的盤點中發現這個「痕跡」呢？報告絲毫不體現飯店文化？抑或似有似無？關係十分重大。

這兩點，將在很大程度上決定飯店人力資源政策在具體部門的落實。

此外，飯店顧問還要致力於瞭解飯店評估（考核）的內容，以明確其所引導的方向，是否符合市場定位與經營理念。一般而言，考核的影響力量都是很大的。

同時，關注並發現飯店現在存在的問題，指明改進方向。

採購供應經理（或總監）報告應體現的內容

1. 當月採購與供應的總體情況。說明各項物品的採購量，包括食品類、酒水菸草類、燃料類、維修用品與配件類、低值易耗品類、一次性用品類、印刷品類、洗滌消毒用品類、福利用品類等的耗用量、金額。

同時，要與上一年度、上月情況進行對比，分析原因。

2. 當前市場價格浮動狀況分析。

3. 食品價格專項分析。

4. 飯店食品結構與成本分析。

5. 庫存狀況報告。

6. 目前採購管道的建設及其供應商狀況分析。

7. 採購與供應內控制度執行情況。

8. 採購供應建議與要求。

飯店顧問的視點（6）：採購管理的規則與執行

飯店顧問應該關注以下若干細節：

1.飯店有沒有設成本管理小組？

應設一個專門小組。一般由總經理或分管財務的副總經理擔任組長，成員應包括餐飲、工程、財務、採購、供應、客房、中西廚師長等人員。

2.成本管理的職責有沒有明確？

比如，組長應定期、不定期召開成本分析控制會議；制定、調整成本管理政策，明確簽批職責並組織實施；確定進貨管道拓展方案和降低採購成本方案，確定合理節約能耗方案和創新改造方案。

又如具體成員，誰負責理順和完善餐飲部食品、物品管理流程，減少浪費及充分利用閒置物品？誰負責指導和監督廚房的食品成本控制，在滿足對客服務的基礎上合理降低食品成本率？誰負責制定飯店各營業區域的照明、用水、用氣和各種營業設施的分管責任人並明確分管的具體工作內容及節能降耗工作方法的指導，確保節約用水、用電、用氣，減少各營業設施的損耗？誰負責飯店所有動力設備的維護和保養，規範日常巡查制度，根據具體情況制定空調主機出水溫度和鍋爐出水溫度，確保在不影響對客服務的基礎上努力降低能耗？

3.有沒有按照「PDCA」原則對工作執行情況進行檢查？

要檢查財務部經理有沒有編制好各種成本分析報表，科學、準確地統計各部門成本、費用情況並作好各項數據的分析，為各部門及時提供經營訊息。

要檢查採供部經理有沒有完成拓展採購管道，真正做到貨比三

家，努力降低採購成本；負責及時與廚師長作好溝通，瞭解廚房對原資料和物品的使用情況，及時作好採購服務工作。

要檢查客房部經理有沒有做好客房一次性物品和其他客用品的保管和領用工作，完善工作流程，努力降低客房物耗。

要檢查餐飲部經理有沒有對餐飲部低值易耗品管理落實和優化五常管理法，為努力降低物品的損耗發揮直接作用。

要檢查中、西廚師長能否合理控制食品成本率，努力優化運作流程，確保在不影響出品品質的前提下努力降低食品成本率。

工程經理（或總監）報告應體現的內容

1・年度（到本月止）能耗費用占營業額的比例，與上一年度做比較、分析。

2・本月具體耗用量及其金額。如，耗水量，其中，熱水是多少、冷水是多少，每萬元收入耗水多少，比去年同期增減多少；耗電量，每萬元收入耗電多少，比去年同期增減多少；耗油量，每萬元收入耗油多少，比去年同期增減多少；耗燃氣量，每萬元收入耗燃氣多少，比去年同期增減多少。

3・各類設備的維護維修耗材量。

4・問題分析與建議。

飯店顧問的視點（7）：細節與創新

飯店不僅是一座大樓，更是一套每天都在運行的「設施」，呼吸之間必然耗能，而耗能本身有兩種情況，一是正常的「體耗」，一是「病耗」，前者的重點是如何透過細節維護和減耗管理，達成

飯店經營延年益壽的效果。

後者非常複雜，飯店顧問應合作相關專家進行能耗專項診斷，並做出財務報告，以決定是維持，還是更新，同時明確維持方案。

當然，飯店的創新意識也很關鍵，飯店顧問應就此進行認真瞭解，並提出建議。

五、承前啟後：年終總結與計劃大會

春節之前

俗語說，「編筐編簍全在收口」，春節是大部分飯店「收口」的節點。所以，很多節奏都可以在這裡打上一個「休止符」，然後，再開始下一個年度的工作。

而實際上，下一年度的工作已經開始，因為新曆舊曆有一個時間差，一個月甚至更久。所以，如何處理好這個時間差，非常關鍵。同時，這也是一個文化問題，更是一個展現飯店文化的最佳時機。

無論是中國人還是外國人，都不能忽略這一點。

飯店顧問也可以在這個過程中找到自己想要的診斷與評估素材。

兩個故事的啟迪（代後記）

　　飯店顧問的用武之地，在於飯店業有層出不窮的問題。因此，他們必須成為飯店業的一部分，而不是「特別階層」。這個定位很關鍵。走快的人是「瘋子」，不被用；走慢的人是「傻子」，沒人用；只有當快則快一點，當慢則慢下來的「正常人」，才好用。

　　因此，學識、經驗固然重要，而心態尤其關鍵，因為它會影響顧問的現場直覺力，決定你是「瘋子」、「傻子」，還是「正常人」。實踐也已經證明，任何診斷與評估報告若缺失現場直覺力，其指導性將大打折扣，頂多只能算一篇稚嫩的「畢業論文」或「學術報告」，中看不中用。

　　一日，大居士蘇東坡有所悟，便寫了一首，道是：

　　「稽首天中天，毫光照大千；八風吹不動，端坐紫金蓮。」

　　大意是說，我信仰崇高，深入禪定，故而智慧浩然，影響廣泛；任爾利、衰、毀、譽、稱、譏、苦、樂，我立足本位，隨順當下，絕無動搖。

　　交給書僮，讓他划船過江，遞給寺裡的佛印禪師印證。

　　他們是好朋友。

　　佛印禪師接過來，上下觀瞧，然後不假思索，揮筆題書兩個小字：放屁！書僮被打發回來，還給蘇東坡。蘇東坡對自己的偈子本是十分得意，心想必有讚譽。展開時，卻是「放屁」，不禁光火，立即登船渡江，直奔寺裡與佛印禪師辯理。

　　佛印禪師見到老朋友，掩口而笑，道：「哈哈，八風吹不動，一屁打過江！」

蘇東坡頓時省悟，羞愧難當。

又一日，蘇東坡與佛印禪師聊天。

蘇東坡忽然問禪師：「你看我像什麼？」

禪師道：「像一尊佛！」

蘇東坡隨後反問一句：「你知道我看你像什麼嗎？」

「……」

「像一堆狗屎！」

禪師含笑不語。

蘇東坡大喜，認為自己終於扳回一局。回到家裡，就說給蘇小妹聽，也想得到小妹的印證。不料，小妹大笑起來，說：「哥哥又輸一局！」

蘇東坡忙問緣由。

小妹道：「禪師本意是說，他心中有佛，所以，所見皆佛；而你心中只有狗屎，所以，你只能見到狗屎。」

蘇東坡大愧。

怎樣調整好心態？兩個故事講得很清楚。

先須「稽首天中天」。「天中天」是誰？是「佛」——客戶、同行、同事，是周邊的每一個人，也就是「心中有佛」——把人人都看作「未來佛」，而不是一堆糊不上牆的「狗屎」。如此，才有機會追求影響力，成為有用的人，成就「毫光照大千」的效果。否則，你只能是「狗屎」。其實，任何影響力都不是你發明的，而是客戶、同行、同事給你的。不要本末倒置。

當然，在飯店業務中修煉「八風吹不動」的功夫也非常關鍵。「吹不動」，就是禪定，就是潛心深入，不急不躁，有條不紊地學

習、實踐，以至看透標準，找到規律，心中明明白白，故又謂清淨。因為唯清淨心能生智慧，而顧問的資糧，恰是智慧。這是對飯店顧問的特殊要求，也是基本要求。

最後，「端坐紫金蓮」。「紫金蓮」是什麼？是本職、本分、本位，也是顧問應得的地位。當然，任何本職的努力，又正在於時時「稽首天中天」，那是大方向。也不要本末倒置，否則不僅坐不好，甚至可能栽跟頭。

總之，凡事不能自以為是，凡事應「心中有佛（人）」，然後可以管理。何謂「管理」？「管」是「管好事」，「理」是「理好人」，同樣不可以倒置。

三個本末，揭示的都是飯店診斷必須以人為本。是為飯店顧問成功的必由之路。

附錄 參考問卷

一、飯店投資者與經營者能力測試

診斷飯店投資者的經營能力，或一位投資者、經營者在決定是否聘請飯店顧問時，都可以參考這個問卷。

請你對每一個問題誠實回答，這裡沒有記分標準，但可作為自我思考的提綱，然後，在□內標出「√」（是）或「×」（否）

第一部分　你是否適合經營企業？

□你是否曾評估自己在領導、組織能力、毅力與體能方面的特點？

□你的朋友是否曾就上述項目對你有所評價？

□你是否曾考慮找一個夥伴，以他之長補你之短？

第二部分 你成功的機會有多大？

□你是否有飯店經營管理的實際經驗？

□你是否掌握了所轄部門，諸如大廳、客房、工程等所需的一項或多項專門技能？

□你在進入飯店之前的工作中，是否獲得一些管理上的經驗？

□你是否分析過最近的飯店趨勢？

□你是否分析過你所在城市及其附近地區的飯店情況？

□你是否對你所管理（或計劃管理）的飯店作過診斷性分析？

□你曾打算管理一個怎樣規模的飯店？

□你是否曾就建設飯店所需的資金列出各種詳細數字並加以分析？

□你是否估算過飯店的收支相抵需要多久？

□你是否計劃過飯店應得的淨利潤？

□你是否比較過飯店所得之淨利潤比在其他方面投資更大？

第三部分 你需要多少資本？

□你是否估算過在開業最初的六個月、一年、二年內飯店的合理收入？

□你是否知道預計的營業能力會帶來多少利潤？

□你是否對各項費用做過預測（包括自己的薪金）？

□你是否曾將這項工作收入與為其他單位工作的收入做過比較？

□你是否願意承擔今後一年、二年內收入不確定性的風險？

□你是否計算過對飯店應做多少投資？

□你是否有可能出售或抵押其他財產？

□你是否有其他可貸款的地方？

□你是否曾與銀行商談？

□銀行是否對你的計劃予以優先的考慮？

□你是否有可應急的儲蓄？

□你由各方面籌集的資金是否與你所需要的資金相符？

第四部分　你是否與他人合夥經營？

□你是否在技術或管理方面欠熟練？如有一個或數個夥伴，此問題能否解決？

□你是否需要一個或數個夥伴給予財務上的協助？

□你是否討論過各類型飯店形式或組織架構的特點，以明了哪一種對你最有利？

第五部分　你的企業應設在何處？

□你是否知道需要多大建設空間？

□你是否知道需要選擇哪種形式的建築？

□你是否知道飯店建設在燈光、暖氣、通風、空調以及停車場方面有何特殊要求？

□你是否考慮過所需空間的設施具體配置？

□如果預定的地點與你的要求不合，是否有可能繼續尋找更理想的地址？

□你是否曾查核統計部門掌握的與飯店營運相關的人口數字資料？

第六部分　你應否購置一個現成的飯店？

□你是否曾考慮購置現成飯店的利弊？

□你是否計算過新建一個飯店所需費用與購置一個現成企業之間有多大差別？

□你是否知道你準備購買的那家飯店為什麼要出售？

□你是否曾請專業會計師對你購買飯店的計劃進行審評？

□你是否瞭解該飯店主要客戶對其價值的看法？

□客戶及各方人士是否認為該飯店很有前途？

□該飯店設備是否陳舊或欠佳，是否估價過高？

□能否肯定可以收回的帳目能抵償所花出的？

□該飯店方面的善意是否值得重視？

□你現在是否準備承擔該飯店的債務？債主是否同意？

□你的律師或你從法人角度看，對該飯店的產權是否清楚，是否有人對飯店財產握有扣押權？

□該飯店是否有欠稅未付？

□有利於銷售量增加的環境會否繼續存在？

第七部分 你是否適合指導日常經營事宜？

□你是否知曉你的後勤進貨總需求？

□你是否知道你的服務需達到何種品質才能為客人所購買？而這些與貨源品質又有怎樣的關係？

□你是否知道客人購買你的服務的頻率？或者回頭客狀況如何？

□你是否曾對服務品質狀況加以分析，以確定所要遵循或調整的經營路線？

□你是否知道你的服務和菜品需要具備哪些特點？

□在採購飲食原資料或餐具方面，你是否已建立分類存取標本以作為進貨的依據？

□你是否親自調查、比較過一次大量進貨與經常少量進貨，哪種方式對飯店更有利？

□你是否根據資金與空間的限制，權衡大量進貨的價格差？

□你是否直接自廠家購進一些飯店用品？

□你是否將要向少數幾家供應商購貨，這種做法是否更為有利？

□你是否擬訂過進貨管理計劃，以確保進貨的品質？

第八部分 怎樣決定你飯店服務的價格？

□包括成本與利潤的售價如何？

□這些價格與其他飯店的價格比較是否有利？

第九部分 你採用哪些銷售方法？

□你是否研究過同行用以提高客房銷售量的方法？

□你是否已制定你自己用以提高客戶銷售量的預算？

□你是否研究過客人為什麼會購買你的服務（基於價格、品質、形式或其他）？

□你是否將在報刊上登飯店推銷廣告？

□你是否利用直接通信方式（手機簡訊、傳真、電子郵件等）做飯店廣告？

□你是否將張貼飯店廣告或發送傳單？

□你是否將做廣播或電視廣告？

第十部分 你將怎樣管理飯店的人力資源？

□你能否在當地聘到令你滿意的人員以補充你在服務人手方面的不足？

□你是否知道需要哪些招聘技巧？

□你是否調查過現行的薪資標準？

□關於如何付薪資，你是否明確？

□你是否考慮過僱用若干現在為同行工作的人員？

□你是否調查過這樣做的利弊所在？

□你是否已擬訂飯店培訓計劃？

第十一部分　你將保留哪些飯店檔案？

□你是否已經建立了適當的簿記制度？

□你是否擬定了服務管理辦法？

□你是否已存有標準作業規範以作為飯店的參考？

□你是否還需要其他檔案記錄？

□你是否有審查銷售成本的辦法？

□你是否需要設計特別的報表？

□你是否已擬定保存檔案文書的適當辦法？

第十二部分哪　些法律與你有關？

□你是否瞭解飯店經營需要哪些執照？

□你是否瞭解飯店勞保規定？

□你的業務是否涉及商業法規？

□你是否請有關人員提供如何履行法律責任的建議？

第十三部分　你將遇到哪些其他問題？

□你是否已建立相關制度以處理稅務要求？

□你是否已安排適當額度的飯店保險？

□你是否已擬定一項建立服務品質管理小組的辦法？

□你的家人是否認為你應從事飯店工作？

□你是否有足夠的資金讓可信的客戶繼續記帳？

□你是否曾採用賒帳的方式？

□你是否考慮過必須建立哪些管理政策？

□你是否已計劃如何給部門員工進行編組及分配工作？

□你是否為自己擬訂了工作計劃？

第十四部分 你能否適應時代發展？

□你是否有使飯店與新發展相配合的計劃？

□你是否有一個有資格的飯店諮詢顧問小組，他們能否協助你解決新的問題？

□你能否很好地與飯店諮詢顧問合作？

□你是否認為飯店業者應該有相當廣的知識面？

□你是否同意飯店應體現出一種人格的觀點？

二、人才考核與發展

單位＿＿＿＿＿＿＿

姓名＿＿＿＿＿＿＿＿

職稱＿＿＿＿＿＿＿

考核日期＿＿＿＿＿＿

請按本表所列項目考核現職人員，在適當方格內作√標記，並請將理由或事實填入說明欄內。

每個項目分五級評定，「良好」為一般水準，低於一般為「尚可」，高於一般為「甚佳」，特低為「欠佳」，特高為「特優」。這部分表格上欄由直接主管填寫，下欄由上級主管填寫。

考核項目		欠佳	尚可	良好	甚佳	特優	說明
學識	1．基本知識 本職所須具備之基本學識及一般常識						
	2．專業知識 學有專長，對本職有關業務知識豐富						
才能	1．智力 學習、理解、吸收新事物之能力						
	2．領導能力 知人善用，領導有方，以身作則，獎優罰劣，促進 團隊工作精神						
	3．創造能力 具有思考、創造力，對於所任工作能研究新途徑， 發展新概念，建立新制度						

才能	4．計劃能力 對本職有關業務，能預先計 劃，安排工作，把握時間， 如期完成						
	5．組織能力 有效應用組織的力量，分層負 責，調配好人力物力， 提高工作效能						
	6．分析能力 抓準問題，分析事實，瞭解問 題所在，做出正確結論						
	7．判斷能力 對於重要事務總是能周詳考 慮，適時做出妥善決定， 並採取適當措施						
	8．表達能力 口頭表述簡明扼要，言辭中 肯，能充分表達意見及 說服他人；文字表述暢達有條 理，能夠明確地表達 思想；可撰寫報告						
	9．適應能力 能把握時機，適應環境，遇有 緊急情況機警果斷， 能鎮定處理						

能力	人際關係 與上級及下屬關係和諧，並能 應用人際關係原則激 發屬員之潛能					
工作	1・工作的量 工作量能否合乎要求					
	2・工作的質 工作品質能否合乎要求					
	3・成本控制 節省人工物料控制成本，稽核 經費開支，防止浪費					
	4・建議改進 對本職有關業務有正確見解， 並能提出建議力求 改進					
品德	1・誠實 說實話，做實事，勇於實踐， 以誠待人，不投機取巧					
	2・負責 勇於負責，貫徹上級指示，任 勞任怨，遇有困難能 自行設法克服					

品德	3．公正 大公無私，正直不阿， 明辨是非，考核嚴正					
	4．廉潔 公私分明，取予不苟， 律己清廉，涓滴歸公					
體態	1．體能 身體健康，精力充沛，能耐勞 苦，勝任艱難工作					
	2．儀表 儀表端正，態度沉著，衣著整 潔，舉止大方					

　　在以上的評定工作之後，結合平日的考察，對受評者做出鑑定。第一項「發展判斷」，在四種工作中選1—2種；第二項「任用意見」中選定一種。在方格內作√記號，直接主管填寫左邊方格，上級主管填右邊方格，最後做出總評。

	適任狀況	卓越成就	優異表現	良好表現	勉可勝任	非其所長		項目	直接主管	上級主管
發展判斷	管理工作						任用意見	不適現職應予調動		
	技術工作							適任現職成績尚佳		
	研究工作							極適現職成績優異		
	主管工作							可升任更高職位		
總評	直接主管 簽章 年 月 日						上級主管 簽章 年 月 日			

三、飯店管理狀況

請您細心閱讀各項問題所描述的情況，將您認為最接近個人意見的答案，在方框內填寫下來。

回答所有問題，您不必寫一個字，在五個答案中，挑選一個，以數字標注，就可以了。

1．非常同意。

2．有點同意。

3．很難說。

4．不太同意。

5．極不同意。

例如：「多數時間，我都感到上班是一件津津有味的事」。如果您自己確有這種感覺，就選「1」（非常同意）；稍有這種感覺，就選「2」（有點同意）；似乎沒有這種感覺，就選「4」（不太同意）；絲毫沒有這種感覺，就選「5」（極不同意）；如果覺得以上四個答案都不合適，就選「3」（很難說），依此類推。

第一部分

□1．在本飯店，大家只要認為他的做法是正確的，多數時候都可放手去做，不必通過上司的認可。

□2．我的上司，通常只為每位同事制定工作指導原則，然後，放手由部下執行任務，擔負實際工作責任。

□3．在本飯店中儘可能地利用組織圖、工作說明書、員工手冊、操作程序單、政策手冊、職位說明書、工作規章、分層負責辦

法或其他內部規章、制度等來詳細描述每個人或職位的工作內容、工作程序、方法和責任。

□4‧我大部分的工作都有規範的工作程序和方法。

□5‧本飯店不同部門間或上下級的意見交流能上能下，通常都依照明文規定或程序來辦理。

□6‧本飯店常以公文抽查、標準成本及其他數量化的方式來衡量員工的來績效。

□7‧當我的工作發生錯誤時，上司通常都會發現。

□8‧本飯店常利用定期或不定期報表的方式，隨時掌握員工的工作進度和成績。

□9‧本飯店常用數量化的管理技術，來改進員工的作業方式和安排工作進度。

□10‧我對於分內工作的成果，多數時候都可以負完全的責任。

□11‧個人所負責的工作或只是一件工作的一小部分，或是全部，但我覺得我負責的工作，就始末與範圍來說，可以算很完整。

□12‧我常要用到多種技術和能力來處理工作。

□13‧我常可以由上司、同事的反應或自己工作的完成，來獲知自己的工作成果，並獲得心理滿足。

□14‧工作過程中，我必須常與他人聯繫或合作，才能圓滿完成任務。

□15‧在工作環境中，我常有和他人做非公務交談的機會。

第二部分

□1‧本飯店對於員工福利與利潤頗為關切。

□2．本飯店有改善工作環境的誠意。

□3．本飯店對於工作的安排頗為適當。

□4．我常與同事討論工作上的問題。

□5．從其他同事那裡獲得的資料，大致上能滿足我工作上的需要。

□6．我常與同事談論公務上的事情。

□7．與同事聊天，不僅能增進彼此的感情，也有助於我消除工作上的煩悶與壓力。

□8．我的上司頗能接納同事們的觀念和建議。

□9．我的上司經常對我的工作提出建議或指示。

□10．在本飯店中，多數決策都由對資料和情況最瞭解的人來決定。

□11．飯店在進行決策時，可能被此決策影響的人，常會參與意見。

□12．為提高本飯店決策的品質，大家經常交換資料，共享訊息。

13．本飯店的目標通常是這樣制定的（六選一）：

□先提交有關人員討論，再由最高當局與有關人員商討後決定。

□先由最高當局選定各種目標方案，再交由有關人員討論並提出建議。

□目標發布前通常會與員工討論，並加以修改。

□目標發布時，通常會加以解釋，並提供發問的機會。

□目標由最高當局發布時，沒有提供發問和表示意見的機會。

□上級並未告訴我們目標是什麼。

14．當飯店或部門內個人與上司的意見相左時，通常是如何處理的（四選一）？

□不一致的意見經常被認為是必要的，因此常被接受。

□有時候不一致的意見會被接受，有時候則被否決。

□不一致的意見常被否決、壓制。

□不一致的意見幾乎全都被否決、壓制了。

15．在本飯店內，員工若努力工作，則最主要的原因是（請選最重要的一點）：

□對工作很有興趣，可由工作中得到快樂。

□為將來的升遷。

□為博取上司的欣賞和同事的讚美。

□為如期完成上級所交付的任務，以減輕來自上級的壓力。

□為得到更多的待遇。

□其他（請說明）。

16．大多數員工留在本飯店工作，而不另謀高就的最主要原因是（請選最重要的一項）：

□這裡的工作很安全，很有保障。

□這裡同事間相處得頗為愉快。

□就工作的時間和投入的努力而言，我們的待遇頗不錯。

□這裡的工作環境頗不錯。

□不容易找到比這裡更輕鬆的工作。

□其他（請說明）。

第三部分

□1‧我的上司遭遇工作上的困難時，經常召開會議，徵求同事們的意見。

□2‧我的上司在專業知識上的學養，足以應付他工作上的需要。

□3‧我的上司很友善，樂於與人接近。

□4‧我的上司與我們交談時，通常會專心傾聽。

□5‧我的上司很願意聽我們的問題和困難。

□6‧我的上司總是鼓勵我們盡全力工作。

□7‧我的上司對於我們的工作成果要求很高。

□8‧我的上司以身作則，努力工作。

□9‧我的上司常常指導我們如何改進工作。

□10‧我的上司常常幫助我們預先排定工作程序。

□11‧我的上司常提供新的意見，幫助我們解決工作問題。

□12‧我的上司常常鼓勵我們工作時要團結一致。

□13‧我的上司常鼓勵我們，彼此要多交換意見和觀點。

□14‧我的上司對我們很有信心，而且信賴我們。

□15‧我對我的上司頗有信心，信賴他。

16‧我的上司為了使同事們能互相溝通，真誠地討論問題，而舉辦各類專題會議：

□大約每月一次。

□每年一或二次。

□每月多於一次。

□每年三至六次。

□從來沒有。

17．您覺得，您的上司若要成為更好的管理者，有必要進一步加強下列條件的培養？

□他需要多瞭解我們的看法和想法。

□他需要多瞭解一些管理的原理和原則。

□他需要改變他主觀上固執的想法。

□他需要加強處理行政管理工作的能力。

□雖然我的上司瞭解我們的看法，他也知道應如何才能成為好管理者，但他仍需要多練習溝通技巧。

□他需要更多的實際機會去磨煉，才能表現他的才能。

□他需要更加關心我們這些部下。

第四部分

□1．本飯店的同事，彼此都很友善，容易相處。

□2．我與同事交談時，大多數人都能聽進我的意見。

□3．我們飯店的同事，大多數都願意聽我的問題與困難。

□4．我們飯店的同事，大多數都會互相鼓勵，盡全力工作。

□5．我們飯店的同事，大多數對於工作成果要求很高。

□6．同事常幫我想辦法，使我的工作做得更好。

□7‧同事們常幫我預先排定工作程序或計劃。

□8‧同事們常彼此提供新意見，互相幫忙解決工作中的問題。

□9‧同事們常互相勉勵，注重工作時彼此的團結與一致性。

□10‧同事很強調團隊目標。

□11‧同事間常彼此交換意見和觀點。

第五部分

□1‧本飯店較有能力計劃和協調彼此的工作。

□2‧本飯店多數時候都能制定良好的新政策，來儘量圓滿地解決問題。

□3‧本飯店內，大多數同事都能瞭解自身工作，並且知道如何去完成任務。

□4‧重要訊息在我們單位內部能相互傳遞，互通有無。

□5‧本飯店多數時候都希望能圓滿地完成部門目標。

□6‧本飯店具有應付不尋常工作要求的能力。

□7‧我對同事的能力很有信心，也很信賴他們。

第六部分

本部分回答方式仍與前面各部分相同，若本飯店並無問題中所提到的制度、辦法或措施，則請勾選△。

△1‧本飯店遴選新進人員的方式，往往可以有效地得到適當的人才。

△2‧本飯店職前訓練可以幫助新進人員瞭解飯店的規定與文化。

△3．本飯店的職前培訓可以幫助新進人員瞭解工作內容、責任及職權。

△4．本飯店的其他各種培訓大多在於幫助受訓員工改善工作績效。

△5．本飯店或部門經理對員工的受訓成績相當重視。

△6．本飯店的新進人員大多能依照個人志願而被分配工作。

△7．本飯店大多數員工都能依照個人專長而被調整職務。

△8．本飯店大多數員工都能依個人期望而被調整職務。

△9．本飯店或部門中同一層級員工之間的工作量分配相當平均。

△10．本飯店或部門的績效考核制度能真實反映員工的工作表現。

△11．本飯店或部門經理的個人印象對於員工考績影響很小。

△12．本飯店人事晉升主要考慮個人能力及工作表現。

△13．決定本飯店員工薪資，主要視個人能力及工作表現。

△14．本飯店的請假規定相當合乎情理。

△15．本飯店主管對於員工請假都依照規定辦理，不會故意為難。

△16．因請假而扣除的全勤獎金或薪資金額不算少。

△17．本飯店大多數員工都確實享用假期，不會因職務關係而無法休假。

△18．本飯店的績效獎金，完全依員工個人的工作表現而定。

△19．在本飯店大多數員工的收入中，績效獎金占不小的比

例。

△20．本飯店員工的意見大多能透過正式的途徑（如會議、意見箱等）向上級反映。

△21．本飯店員工大多可以隨時直接向部門經理、總經理反映意見。

△22．本飯店對於員工反映的意見大多給予答覆。

△23．本飯店的各種補貼對大多數員工經濟上頗有幫助。

△24．本飯店的各種補貼規定對每位員工都很公平。

△25．本飯店的福利措施對大多數員工經濟上頗有幫助。

△26．本飯店的福利措施相當能增加員工的生活情趣。

△27．本飯店的退休辦法可使員工退休後的生活得到很好的保障。

第七部分

□1．就整體而言，我對我們飯店的同事很滿意。

□2．就整體而言，我對我的上司很滿意。

□3．就整體而言，我滿意我的工作。

□4．就整體而言，並與其他同事相比較，我對本飯店很滿意。

□5．就我的技術和我對工作所付出的努力，我所得到的待遇還是合理的。

□6．到目前為止，我覺得我在本飯店的進步狀況還算不錯。

□7．我對我將來在本飯店發展的機會抱有信心。

你的飯店健康嗎？飯店診斷

作者：王偉

發行人：黃振庭

出版者：崧博出版事業有限公司

發行者：崧燁文化事業有限公司

E-mail：sonbookservice@gmail.com

粉絲頁　　　　　　網址

地址：台北市中正區重慶南路一段六十一號八樓 815 室

8F.-815, No.61, Sec. 1, Chongqing S. Rd., Zhongzheng Dist., Taipei City 100, Taiwan (R.O.C.)

電　話：(02)2370-3310 傳　真：(02) 2370-3210

總經銷：紅螞蟻圖書有限公司　　網址：

地址：台北市內湖區舊宗路二段 121 巷 19 號

電話:02-2795-3656　　傳真:02-2795-4100

印　刷　：京峯彩色印刷有限公司（京峰數位）

定價：650 元

發行日期：2018 年 6 月第一版

◎ 本書以POD印製發行